高等学校专业教材

生物化学实验

主编　张峰　刘倩

副主编　傅一鸣　于大力

中国轻工业出版社

图书在版编目（CIP）数据

生物化学实验/张峰，刘倩主编 . —北京：中国轻工业出版社，
2024.2
普通高等教育"十三五"规划教材
ISBN 978-7-5184-0976-1

Ⅰ. ①生… Ⅱ. ①张… ②刘… Ⅲ. ①生物化学—实验—高等
学校—教材 Ⅳ. ①Q5 – 33

中国版本图书馆 CIP 数据核字（2018）第 086630 号

责任编辑：张 靓 责任终审：劳国强 封面设计：锋尚设计
版式设计：砚祥志远 责任校对：吴大朋 责任监印：张 可

出版发行：中国轻工业出版社（北京鲁谷东街 5 号，邮编：100040）
印 刷：三河市国英印务有限公司
经 销：各地新华书店
版 次：2024 年 2 月第 1 版第 4 次印刷
开 本：787×1092 1/16 印张：9
字 数：200 千字
书 号：ISBN 978-7-5184-0976-1 定价：32.00 元
邮购电话：010–85119873
发行电话：010–85119832 010–85119912
网 址：http://www.chlip.com.cn
Email：club@chlip.com.cn

生物化学是生命科学的基础学科。 实验教学在本课程的学习中占有重要地位。

目前市场上生物化学实验教材种类较多，但多集中在基础实验部分，而且实验操作流程和技术水平少有改进。 本教材的特点从技能培养的角度出发，提高了教材的针对性和实用性。 除验证性实验和综合性实验外，还加入设计性实验，提高学生的技术应用能力。 另外，在实验操作编写中，根据编者的教学经验，对部分试剂配比和实验流程做出改善，更有利于提高学生实验的成功率。

本教材包括三部分内容：第一部分介绍生物化学实验原理和实验技术，如目前生物化学研究中常用的分析分离技术，包括层析分离技术、电泳技术、生物大分子的制备技术等；第二部分介绍生物化学基础实验，选编 35 个实验，涵盖了糖类、脂类、酶类、蛋白质等生物大分子的分离制备、分析检测及功能特性研究等方法与技术；第三部分介绍设计性实验，由浅入深地培养学生掌握更多的研究方法和技术。本教材不仅注重加强学生基本实验方法和技能的训练，还引进了新的生物化学实验技术，指导学生进行小课题的探讨和设计。 实验单元中除实验操作内容，还增加了注意事项及思考题，对实验原理和技术进行进一步解析。 附录部分包括生物化学实验室的安全与防护知识、常用试剂和溶液的配制以及常用数据列表等内容。

本教材中配有 15 个实验操作视频，读者可直接扫描书中二维码观看学习，也可登录食课堂（www. qinggongchuban. com）获取更多教学资源。

本教材可供综合性大学、师范和农林院校生物相关专业的本科生作为实验课教材，也可供相关教师及科研人员参考。

本教材编写分工如下：第一部分及附录由齐鲁师范学院傅一鸣、于大力编写；第二部分由齐鲁师范学院束德峰、刘倩、傅一鸣、柴振光、于大力、张才波、邵洪伟、侯琳共同编写；第三部分由齐鲁师范学院刘倩编写。 张峰、刘倩、傅一鸣、于大力负责本书的校正，由张峰、刘倩负责统稿。

在本书编写过程中，参考了众多文献资料，并得到了同行的多方面支持。 在此，向文献资料编写者、同行等所有提供帮助的单位和个人表示感谢。

由于编者水平所限，书中难免有不当之处，希望读者批评指正。

编　者

第一部分　实验原理和实验技术

第二部分　基础生物化学实验

第三部分　设计性实验

注：* 表示该实验配有操作视频，可扫描书中二维码观看。

Part 1 第一部分

实验原理和实验技术

一、光谱分析实验技术

（一）分光光度计法

分光光度计法（spectrophotometry）是利用物质所特有的吸收光谱来鉴别物质或测定其含量的一种方法。在分光光度计中，将不同波长的光连续地照射一定浓度的样品溶液，并测定物质对各种波长光的吸收程度（吸光度 A 或光密度 D）或透射程度（透光度 T），以波长 λ 为横坐标，A 或 T 为纵坐标，画出连续的"$A-\lambda$"或"$T-\lambda$"曲线，即为该物质的吸收光谱曲线，见图 1-1。

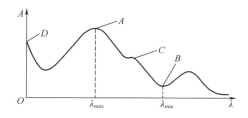

图 1-1　吸收光谱曲线示意图

由图 1-1 可以看出吸收光谱的特征：

（1）曲线上 A 处称为最大吸收峰，它所对应的波长称为最大吸收波长，用 λ_{max} 表示。

（2）曲线上 B 处有一谷，称为最小吸收，所对应的波长称为最小吸收波长，用 λ_{min} 表示。

（3）曲线上在最大吸收峰旁边有一小峰 C，称为肩峰。

（4）在吸收曲线的波长最短的一端，曲线上 D 处，吸收相当强，但不成峰形，此处称为末端吸收。

λ_{max} 是化合物中电子能级跃迁时吸收的特征波长，不同物质有不同的最大吸收峰，所以它对鉴定化合物极为重要。吸收光谱中，λ_{max}、λ_{min}、肩峰以及整个吸收光谱的形状取决于物质的性质，其特征随物质的结构而异，所以是物质定性的依据。

在分光比色分析中，有色物质溶液颜色的深度取决于入射光的强度、有色

3

物质溶液的浓度和溶液的厚度。当一束单色光透过有色物质溶液时，溶液的浓度越大，透过液层的厚度越大，则光线的吸收越多。朗伯 – 比尔（Lambert – Beer）定律是利用分光光度计进行比色分析的基本原理。一束单色光照射于一吸收介质表面，在通过一定厚度的介质后，由于介质吸收了一部分光能，透射光的强度就要减弱。吸收介质的浓度越大，介质的厚度越大，则光强度的减弱越显著，其关系式为：

$$A = \lg \frac{I_0}{I_t} = \lg \frac{1}{T} = Klc$$

式中　　A——吸光度；

　　　　I_0——入射光的强度；

　　　　I_t——透射光的强度；

　　　　T——透射比，或称透光度；

　　　　K——系数，可以是吸收系数或摩尔吸收系数；

　　　　l——吸收介质的厚度，cm；

　　　　c——吸光物质的浓度，g/L 或 mol/L。

　　朗伯 – 比尔定律的物理意义是，当一束平行单色光垂直通过某一均匀非散射的吸光物质时，其吸光度 A 与吸光物质的浓度 c 及吸收层厚度 l 成正比。

　　当介质中含有多种吸光组分时，只要各组分间不存在相互作用，则在某一波长下介质的总吸光度是各组分在该波长下吸光度的加和，这一规律称为吸光度的加和性。

　　系数 K：当介质厚度 l 以 cm 为单位，吸光物质浓度 c 以 g/L 为单位时，K 用 a 表示，称为吸收系数，其单位为 L/(g·cm)。这时朗伯 – 比尔定律表示为 $A = alc$。当介质厚度 l 以 cm 为单位，吸光物质浓度 c 以 mol/L 为单位时，K 用 k 表示，称为摩尔吸收系数，其单位为 L/(mol·cm)。这时朗伯 – 比尔定律表示为 $A = klc$。两种吸收系数之间的关系为：$k = aM_m$。

　　若遵循朗伯 – 比尔定律，且 l 为一常数，光吸收对浓度绘图，得一通过原点的直线。根据朗伯 – 比尔定律，做出标准物质吸收对浓度的标准曲线，借助于这样的标准曲线，很容易根据测定其光吸收得知一未知溶液的浓度。

　　分光光谱技术可用于：

　　（1）通过测定某种物质吸收或发射光谱来确定该物质的组成。

（2）通过测定不同波长下的吸收来测定物质的相对纯度（在 DNA 的浓度测定中最为常用，测定 A_{260nm}/A_{280nm}，纯净 DNA 样品的此值为 1.8。样品中若混有蛋白，A_{260nm}/A_{280nm} 将变小。）

（3）通过测量适当波长的信号强度确定某种单独存在或与其他物质混合存在的一种物质的含量。

（4）通过测量某一种底物消失或产物出现的量同时间的关系，追踪反应过程。

（5）通过测定微生物培养体系中 D 值，可以得到体系中微生物的密度，从而可以对培养体系中微生物的数量进行动态的监测。

（二）荧光分光分析法

当紫外光照射某一物质时，该物质会在极短的时间内，发射出比照射波长要长的光。而当紫外光停止照射时，这种光也随之很快消失，这种光称为荧光。荧光是一种光致发光现象。物质所吸收光的波长和发射的荧光波长与物质分子结构有密切关系。同一种分子结构的物质，用同一波长的激发光照射，可发射相同波长的荧光，但其所发射的荧光强度随着该物质浓度的增大而增强。利用这些性质对物质进行定性和定量分析的方法，称为荧光光谱分析法，也称为荧光分光光度法。与分光光度法相比较，这种方法具有较高的选择性及灵敏度，试样量少，操作简单，且能提供比较多的物理参数，现已成为生化分析和研究的常用手段。

1. 荧光分析测定方法

荧光分析有定性和定量两种，一般定性分析采用直接比较法，就是将被测样品和已知标准样品在同样条件下，根据它们所发出的荧光的性质、颜色、强度等来鉴定它们属于同一种荧光物质。荧光物质特性的光谱包括激发光谱和荧光光谱两种。在分光光度法中，被测物质只有一种特征的吸收光谱，而荧光分析法能测出两种特征光谱，因此，鉴定物质的可靠性较强。

荧光分析法的定量测定方法较多，可分为直接测定法和间接测定法两类。

（1）直接测定法　该法是利用荧光分析法对被分析物质进行浓度测定最简单的方法。某些物质只要本身能发荧光，将这类物质的样品做适当的前处理或分离除去干扰物质，即可通过测量它的荧光强度来测定其浓度。具体方法有两种：

①直接比较法：配制标准溶液的荧光强度 F_1，已知标准溶液的浓度 c_1，便可求得样品中待测荧光物质的含量；

②标准曲线法：将已知含量的标准品经过和样品同样处理后，配成一系列标准溶液，测定其荧光强度，以荧光强度对荧光物质含量绘制标准曲线，再测定样品溶液的荧光强度，由标准曲线便可求出样品中待测荧光物质的含量。

为了使各次所绘制的标准曲线能重合一致，每次应以同一标准溶液对仪器进行校正。如果该溶液在紫外光照射下不够稳定，则必须改用另一种稳定而荧光峰相近的标准溶液来进行校正。例如，测定维生素 B_1 时，可用硫酸喹啉溶液作为基准来校正仪器；测定维生素 B_2 时，可用荧光素钠溶液作为基准来校正仪器。

（2）间接测定法　有许多物质，它们本身不能发荧光，或者荧光量子产率很低仅能显现非常微弱助荧光，无法直接测定。这时可采用间接测定方法。间接测定方法有以下几种：

①化学转化法：通过化学反应将非荧光物质转变为适合于测定的荧光物质。例如金属离子与螯合剂反应生成具有荧光的螯合物。有机化合物可通过光化学反应、降解、氧化还原、偶联、缩合或酶促反应，使它们转化为荧光物质。

②荧光淬灭法：这种方法是利用本身不发荧光的被分析物质所具有使某种荧光化合物的荧光淬灭的能力，通过测量荧光化合物荧光强度的下降，间接地测定该物质的浓度。

③敏化发光法：对于很低浓度的分析物质，如果采用一般的荧光测定方法，其荧光信号太微弱而无法检测。在此种情况下，可使用一种物质（敏化剂）以吸收激发光，然后将激发光能传递给发荧光的分析物质，从而提高被分析物质测定的灵敏度。

以上三种方法均为相对测定方法，在实验时须采用某种标准进行比较。

2. 影响荧光强度的因素

（1）溶剂　溶剂能影响荧光效率，改变荧光强度。因此，在测定时必须用同一溶剂。

（2）浓度　在较浓的溶液中，荧光强度并不随溶液浓度呈正比增长。因此，必须找出与荧光强度呈线性的浓度范围。

（3）pH　荧光物质在溶液中绝大多数以离子状态存在，而发射荧光最有利的条件就是它们的离子状态。因为在这种情况下，由于离子间的斥力，最大限度地避免了分子之间的相互作用，每一种荧光物质都有它的最适发射荧光的离子状态，也就是最适 pH。因此，须通过条件试验，确定最适宜的 pH 范围。

（4）温度　荧光强度一般随温度降低而提高，这主要是由于分子内部能量转化的缘故。因为温度升高分子的振动加强，通过分子间的碰撞将吸收的能量转移给了其他分子，干扰了激发态的维持，从而使荧光强度下降，甚至熄灭。因此，有些荧光仪的液槽配有低温装置，使荧光强度增大，以提高测定的灵敏度。在高级的荧光仪中，液槽四周有冷凝水并附有恒温装置，以便使溶液的温度在测定过程中尽可能保持恒定。

（5）时间　有些荧光化合物需要一定时间才能形成，有些荧光物质在激发光较长时间照射下会发生光分解。因此，过早或过晚测定荧光强度均会带来误差。必须通过条件试验确定最适宜的测定时间，使荧光强度达到最大且稳定。为避免光分解所引起的误差，应在荧光测定的短时间内才打开光闸，其余时间均应关闭。

（6）共存干扰物质　有些干扰物质能与荧光分子作用使荧光强度显著下降，这种现象称为荧光的淬灭；有些共存物质能产生荧光或产生散射光，也会影响荧光的正确测量。故应设法除去干扰物，并使用纯度较高的溶剂和试剂。

二、生物大分子的分离技术

（一）离心技术

离心技术就是利用旋转运动的离心力，以及物质的沉降系数或浮力密度的差别进行分离、浓缩和提纯的一项操作技术。

1. 原理

当悬浮液静止不动时，由于重力的作用，较大的悬浮颗粒会逐渐沉降，颗粒越重下沉越快，反之会上浮。颗粒在重力场下移动的速度与颗粒的大小、形态、密度、重力场的强度及液体的黏度有关。如红细胞颗粒，直径为数微米，可以在通常重力作用下观察到它们的沉降过程。此外，颗粒在介质中沉降时还伴随有扩散现象。对小于几微米的颗粒如病毒或蛋白质等，它们在溶液中呈胶体或半胶体状态，仅仅利用重力是不可能观察到沉降过程的，因为颗粒越小沉降越慢，而扩散现象则越严重。这样可以利用旋转产生的离心力代替重力，使之产生沉降。

2. 离心力和相对离心力

离心作用是根据在一定角度速度下作圆周运动的任何物体都受到一个向外的离心力进行的。离心力（F_c）的大小等于离心加速度 $\omega^2 x$ 与颗粒质量 m 的乘积，即：

$$F_c = m\omega^2 x$$

式中　ω——旋转角速度，rad/s；

　　　　x——颗粒离开旋转中心的距离，cm；

　　　　m——质量，g。

很显然，离心力随着转速和颗粒质量的提高而加大，而随着离心半径的减小而降低。

目前离心力通常以相对离心力（relative centrifugal force，RCF）表示，即离心力 F_c 的大小相对于地球引力（G）的多少倍，单位为 g，其计算公式如下：

$$RCF = \frac{F_c}{G} = \frac{m\omega^2 x}{mg} = \frac{\omega^2 x}{g} = \frac{(2\pi n/60)^2}{980} \cdot x = 1.18 \times 10^{-5} n^2 x$$

式中　x——离心转子的半径距离，cm；

　　　　g——地球重力加速度（980cm/s²）；

　　　　n——转子每分钟的转数，r/min。

在说明离心条件时，低速离心通常以转子每分钟的转数表示（r/min），如 4000r/min；而在高速离心时，特别是在超速离心时，往往用相对离心力来表示，如 65000r/min。

3. 沉降速度与沉降系数

沉降速度（sedimentation velocity，v）是指在离心力作用下，单位时间内颗粒沉降的距离：

$$v = \frac{dX}{dt} = \frac{2 r^2 (\rho_p - \rho_m)}{9\eta} \omega^2 x = \frac{d^2 (\rho_p - \rho_m)}{18\eta} \omega^2 x$$

式中　r——球形粒子半径；

  d——球形粒子直径；

  η——流体介质的黏度；

  ρ_{p}——粒子的密度；

  ρ_{m}——介质的密度。

  从上式可知，粒子的沉降速度与粒子直径的平方、粒子的密度和介质密度之差成正比；离心力增大，粒子的沉降速度也增加。

  沉降系数（sedimentation coefficient，S）是指在单位离心力的作用下，待分离颗粒的沉降速度

$$S = \frac{\mathrm{d}X/\mathrm{d}t}{\omega^2 x} = \frac{d^2(\rho_{\mathrm{p}} - \rho_{\mathrm{m}})}{18\eta}$$

  S 的单位为 s，在实际应用时常在 10^{-13} s 左右，为了纪念离心技术早期的奠基人 Svedberg，而把 10^{-13} s 称为一个 Svedberg 单位（S），即 $1S = 10^{-13}$ s。近年来，在生物化学、分子生物学及生物工程等书刊文献中，对于某些大分子化合物，当它们的详细结构和相对分子质量不很清楚时，常常用沉降系数这个概念去描述它们的大小。如核糖体 RNA（rRNA）有 $30S$ 亚基和 $50S$ 亚基，这里的 S 就是沉降系数，现在更多地用于生物大分子的分类，特别是核酸。

4. 离心方法

  根据离心原理，可设计多种离心方法，常见下列三大类型：

  （1）沉淀离心 沉淀离心技术是目前应用最广的一种离心方法。一般是指选用一种离心速度，使悬浮溶液中的悬浮颗粒在离心力的作用下完全沉淀下来，这种离心方式称为沉淀离心。离心时可根据颗粒大小来确定沉降所需要的离心力。主要适宜于细菌等微生物、细胞和细胞器等生物材料，及病毒和染色体 DNA 等的离心分离。

  （2）差速离心法 利用不同的粒子在离心力场中沉降的差别，在同一离心条件下，沉降速度不同，通过不断增加相对离心力，使一个非均匀混合液内的大小、形状不同的粒子分部沉淀。操作过程中一般是在离心后倾倒，把上清液与沉淀分开，然后将上清液加高转速离心，分离出第二部分沉淀，如此往复加高转速，逐级分离出所需要的物质。差速离心的分辨率不高，沉淀系数在同一个数量级内的各种粒子不容易分开，常用于其他分离手段之前的粗制品提取。

  （3）密度梯度离心法 密度梯度离心技术是指离心前在离心管内先装入分

离介质，形成连续的或不连续的密度梯度介质，然后加入样品进行离心，根据操作方法的不同，密度梯度离心法又可分为速率区带离心和等密度梯度离心。

（二）层析技术

层析法又称色谱法或色层法，开始由分离植物色素而得名，后来不仅用于分离有色物质，而且在多数情况下用于分离无色物质。层析法是近代生物化学最常用的分析方法之一，此种方法可以分离和鉴定性质极为相似，而且用一般化学方法难以分离的多种化合物，如氨基酸、蛋白质、糖、脂类、核苷酸、核酸等。

1. 原理

层析法是利用混合物各组分物理化学性质（溶解度、吸附能力、电荷、分子大小与形状及分子亲和力等）的差别建立起来的技术。所有的层析系统都由两个相组成：一是固定相，它是固体物质或者是固定于固体物质上的成分；另一是流动相，即可以流动的物质，如水和各种溶媒。当待分离的混合物随流动相通过固定相时，不断进行着交换、分配、吸附、解吸等过程，由于各组分的理化性质存在差异，与两相发生相互作用的能力不同，所受固定相的阻滞作用和受流动相推动作用的影响各不相同，从而使各组分以不同速度移动而达到彼此分离的目的。

2. 分类

层析根据不同的标准可分为多种类型，按原理不同可分为吸附层析、分配层析、离子交换层析、凝胶层析和亲和层析等；按照装置形式不同，可分为纸层析、薄层层析和柱层析等；按照流动相状态不同，可分为气相层析和液相层析等。现将几种层析技术简介如下。

（1）分配层析　分配层析是利用混合物中各组分在两相中分配系数不同而使之分离的层析技术，相当于一种连续性的溶剂抽提方法。分配系数是指某物质在两相溶液中溶解达平衡时的浓度比。如以一些吸附力小、反应性弱的惰性支持物（如淀粉、纤维素粉、滤纸等）上结合的水作为固定相，加入不与水混合或仅部分混合的溶剂作为流动相，由于混合物各组分在两相中发生不同的分配而逐渐分开，形成层析谱。固定相除水外，也可用稀硫酸、甲醇、仲酰胺等强极性溶液，流动相则采用比固定相极性小或非极性的有机溶剂。

（2）吸附层析　某些物质如氧化铝、硅胶等具有吸附其他物质的性质，而且对各种被吸附物质的吸附能力不同，利用这种差异可将混合物分离。吸附力的强弱，除与吸附剂本身的性质有关外，也与被吸附物质有关。根据操作装置的不同，吸附层析可分为柱层析与薄层层析两种。

（3）离子交换层析　离子交换层析是利用离子交换剂对需要分离的各种离子有不同的亲和力，使离子在层析柱中移动时达到分离的目的。离子交换剂具有酸性或碱性基团，分别能与水溶液中阳离子或阴离子进行交换。它的交换过程是溶液中的离子穿过交换剂的表面，到交换剂颗粒之内，与交换剂的离子互相交换。由于各种离子所带电荷的多少不同，它们对交换剂的亲和力就有所差别。因此，在洗脱过程中，各种离子由固体柱上先后下来的顺序不同，从而可达到分离的目的。这种交换是定量完成的，因此测定溶液中由固体上交换下来的离子量，可知样品中原有离子的含量；也可将吸附在交换剂上的样品成分用另一洗脱液洗脱下来，再进行定量。

（4）凝胶层析　凝胶层析主要是根据多孔凝胶对不同大小分子的排阻效应不同而进行分离。排阻是指大分子不能进入小的胶孔中而被阻留在凝胶颗粒之外，而小分子则可进入凝胶孔内部的现象。凝胶层析分离物质的分子质量范围是 $0.1 \sim 10^5 ku$。目前使用的商品凝胶如琼脂糖凝胶可分离物质的分子质量即可达 $10^5 ku$，故可用以分离巨分子质量的蛋白质、酶和核酸。凝胶层析还可应用于微量放射性物质的分离和蛋白质分子质量的测定。

（三）电泳技术

电泳是指在电场中的带电粒子向电性相反方向发生位移的现象。电泳现象早在 19 世纪初就被人们发现，到 20 世纪初 Field 及 Teague 曾用电泳技术研究白喉毒素，但未引起人们的重视。直到 1937 年瑞典生物化学家 Tiselius 制成了界面电泳仪，并对血清蛋白进行了电泳，把血清蛋白分成清蛋白、α -、β -、γ - 球蛋白四种。从此以后，电泳的种类和应用在深度和广度两方面均得到迅速发展，成为生物化学与分子生物学技术中分离、鉴定生物大分子的重要手段。由于电泳技术操作简单、快速、灵敏等优点，故已在生物化学、分子生物学、医学、药学、食品、农业环保等学科得到广泛应用，并成为蛋白质、核酸分析鉴定的主要技术之一。

1. 原理

生物大分子如蛋白质、核酸、多糖等大多都有阳离子和阴离子基团，称为两性离子。常以颗粒分散在溶液中，它们的静电荷取决于介质的 H^+ 浓度或与其他大分子的相互作用。在电场中，带电颗粒向阴极或阳极迁移，迁移的方向取决于它们所带的电性，这种迁移现象即所谓电泳。如果把生物大分子的胶体溶液放在一个没有干扰的电场中，使颗粒具有恒定迁移速率的驱动力来自于颗粒上的有效电荷 Q 和电位梯度 E。它们与介质的摩擦阻力 f 相等。在自由溶液中摩擦力服从 Stokes 定律。

$$QE = 6\pi rv\eta$$

式中 r——颗粒的半径；

       v——颗粒的移动速度；

       η——介质的黏度。

由此可见，在同一电泳条件下，不同带电颗粒因其分子大小和带电量的不同具有不同的泳动速度。因此电泳一定时间，就能相互分开。不同物质的电泳性质常用迁移率来表示。迁移率（m，又称泳动率）是指带电颗粒在单位电场强度下的泳动速度。

$$m = \frac{v}{E} = \frac{Q}{6\pi r\eta}$$

迁移率的不同提供了从混合物中分离物质的基础，迁移距离正比于迁移率。带电分子由于各自的电荷和形状大小不同，因而在电泳过程中具有不同的迁移速度，形成了依次排列的不同区带而被分开。即使两个分子具有相似的电荷，如果它们的分子大小不同，由于它们所受的阻力不同，因此迁移速度也不同，在电泳过程中就可以被分离。有些类型的电泳几乎完全依赖于分子所带的电荷不同进行分离，如等电聚焦电泳；而有些类型的电泳则主要依靠分子大小的不同即电泳过程中产生的阻力不同而得到分离，如 SDS - 聚丙烯酰胺凝胶电泳。分离后的样品通过各种方法的染色，或者如果样品有放射性标记，则可以通过放射性自显影等方法进行检测。

2. 电泳的分类

电泳技术根据不同的标准可以分为不同的类型。以支持物分，可分为纸电泳、醋酸纤维素薄膜电泳、淀粉凝胶电泳、琼脂（糖）凝胶电泳及聚丙烯酰胺凝胶电泳等。按凝胶形状分有水平平板电泳、圆盘电泳、柱状电泳及垂直平板电泳。现将几种电泳技术简介如下。

（1）醋酸纤维薄膜电泳（cellulose acetate electrophoresis，CAE）　醋酸纤维薄膜电泳是以醋酸纤维薄膜作为支持物的一项电泳技术。醋酸纤维分子中每个葡萄糖单位的两个游离羟基均与醋酸脱水缩合，生成二乙酰葡萄糖。常用于血清蛋白、同工酶的分离。

（2）琼脂糖凝胶电泳（agarose gel electrophoresis，AGE）　琼脂糖凝胶电泳是以琼脂糖凝胶作为支持物的一项电泳技术。琼脂糖是由琼脂经处理去除其中的果胶成分而得，化学组成是一类由多个 D－半乳糖－O－3,6－脱水－L－半乳糖彼此连接而成的线性多糖，在形成凝胶时主要通过氢键相互交联。常用于血浆脂蛋白、免疫球蛋白、同工酶和 DNA 酶切片段的电泳分离。

（3）聚丙烯酰胺凝胶电泳（polyacrylamide gel electrophoresis，PAGE）　聚丙烯酰胺凝胶电泳是以聚丙烯酰胺凝胶作为支持物的一项电泳技术。根据凝胶系统的均匀性，聚丙烯酰胺凝胶电泳可以分为连续性凝胶电泳和不连续性凝胶电泳系统。连续性凝胶电泳是指整个电泳系统中所用的凝胶网孔、缓冲液及 pH 都是相同的，电泳时沿电泳方向的电势梯度均匀分布，按常规区带电泳施加电压进行操作，简单易行；不连续凝胶电泳是指电泳系统中采用两种或两种以上的缓冲液、pH 和凝胶孔径，电泳过程中形成的电势梯度不均匀，能将较稀的样品浓缩成密集的区带，从而提高分辨率。

（四）膜分离技术

1. 原理

膜分离技术是生物大分子分离技术中一个重要的组成部分，尤其是在生物大分子的规模化制备中有其独特作用。早在 1861 年 Thomas Graham 就利用简易的膜分离技术将大分子和无机盐进行了初步分离。当时的膜材料主要是动物膜或动物胶。

膜分离技术来源于过滤技术，是借助半透膜相隔的不等渗的两相液体，利用具有不同截留分子质量的半透膜，通过渗透压或外加一定工作压，使高渗溶液中的小分子穿过半透膜的膜孔进入低渗溶液一侧，生物大分子被截留在膜的高渗溶液一侧。凡是利用薄膜技术进行分离的方法，称为膜分离技术。膜分离技术是大分子与小分子的分离，是一种微观的分子之间的分离技术。在实验室研究和工业化生产中的应用也越来越广泛。

膜分离技术所用的膜材料为半透膜。半透膜除了动物膜外，还有由纤维素衍生物制成的羊皮纸，玻璃纸管状半透膜。半透膜在溶液中能迅速溶胀形成能让小于膜孔直径的小分子自由通过的薄膜，具有化学稳定性和抗拉能力。不同型号的半透膜，溶胀后孔径的大小不同，可以截留不同大小的生物分子。

2. 分离方法

（1）自由扩散透析法　根据样液的体积截取一段管状半透膜，放入蒸馏水中溶胀一段时间，在半透膜一端用透析夹夹死或用线绳捆紧制成一个盲端的圆形口袋，把样品液转移到袋内，然后将袋上端用同样的方式捆紧，放入蒸馏水或低渗溶液中透析。由于透析袋内的溶液渗透压高，小分子自由扩散到低渗溶液中，大分子被阻止在袋内。当袋内的小分子与袋外小分子趋于平衡时，更换一次蒸馏水，会产生新的渗透压差，小分子继续往外扩散，如此重复几次，就可以将大分子和小分子分离。

（2）搅拌透析　搅拌透析的方式与自由扩散式相似，前者在透析容器下面安装一个电磁搅拌器，透析容器内的蒸馏水在电磁搅拌的作用下，形成一个涡旋流，自由扩散出来的小分子很快被分散到个容器中，使透析袋外周始终保持低渗状态，节省透析时间提高透析效率。

（3）连续流透析　连续流透析是将需要透析的样液装入透析袋内，悬挂在空中，利用重力差，透析袋内的小分子挤出透析膜外，然后通过蠕动泵将蒸馏水输送到透析袋的顶端，蒸馏水沿透析袋的四周往下淋洗，并将渗出的小分子带走。这种透析方式不但能使透析袋外周始终保持低渗状态，而且还有效地阻止了溶剂分子进入袋内，起到浓缩作用。

（4）反流透析　反流透析是使样液和蒸馏水在半透膜的两侧缓缓流动，两相溶液都处于动态透析状态，既有较大的透析面积，又能使膜内外的浓度差达到最大限度，提高了透析效率。这种装置是将需要透析的样液由输液泵从膜内的底部注入，流向向上，蒸馏水从膜外的顶部注入，流向向下。使膜两侧分别形成不同流向的、不等渗的溶液，克服了透析袋内外两相溶液所形成的浓度差，极大地提高了透析的效率，但是这种透析装置操作比较麻烦。

三、免疫技术

免疫技术是利用抗原与抗体的特异性结合作用来选择性识别和测定待测物的一种技术。免疫技术起始于 20 世纪 50 年代，首先应用于体液大分子物质的分析。1960 年，美国学者 Yalow 和 Berson 等将放射性同位素示踪技术和免疫反应结合起来测定糖尿病人血浆中的胰岛素浓度，开创了放射免疫分析方法的先河。之后相继出现了竞争蛋白结合分析、免疫放射分析和受体结合分析，以及以酶、荧光素、化学发光和生物发光等非放射性标记的免疫分析。现在免疫检测技术已广泛应用于生物科学的各个领域。这里主要介绍双向免疫扩散及免疫电泳、酶联免疫吸附法。

（一）双向免疫扩散及免疫电泳

将可溶性抗原（如小牛血清）与相应抗体（如兔抗小牛血清的抗体）混合，当两者比例合适且有电解质（如氯化钠、磷酸盐等）存在时，即有抗原－抗体复合物的沉淀出现，此为沉淀反应（precipitin reaction）。如以琼脂凝胶为支持介质，则在凝胶中出现可见的沉淀线、沉淀弧或沉淀峰。根据沉淀出现与否及沉淀量的多寡，可定性、定量地检测出样品中抗原或抗体的存在及含量。免疫学的一些测定方法即基于此特性。双向扩散法（double diffusion）最早由 Ouchterlony 创立，故又称 Ouchterlony 法。此法是利用琼脂凝胶为介质的一种沉淀反应。琼脂凝胶是多孔网状结构，大分子物质可以自由通过，这种分子的扩散作用使分别两处的抗原和相应抗体相遇，形成抗原－抗体复合物，比例合适时出现沉淀。由于凝胶透明度高，可直接观察到复合物的沉淀线（弧）。沉淀线（弧）的特征与位置取决于抗原相对分子质量的大小、分子结构、扩散系数和浓度等因素。当抗原、抗体存在多种系统时，会出现多条沉淀线（弧）。依据沉淀线（弧）可以定性抗原。此法操作简便、灵敏度高，是最为常用的免疫学测定抗原和测定抗血清效价的方法。

免疫电泳法（immunoelectrophoresis）是在凝胶介质中将电泳法与扩散法相结合的一种免疫化学方法，用以研究抗原和抗体。免疫电泳是使血清在琼脂或琼脂糖中进行的电泳。在一定电场强度下，由于血清中各种免疫球蛋白的分子大小以及荷电状态和荷电量均有差异，因而它们的泳动速率也各不相同，加上电泳过程中电渗作用的影响，使各组分得到分离。在一定电场强度下，抗原与相应抗体在琼脂介质中加速扩散相遇而形成复合物沉淀。这种检测方法称作电免疫扩散法（electroimmunodiffusion）。由于操作方法不同，电免疫扩散法可分为对流免疫电泳（countercurrent immunoelectrophoresis）、交叉免疫电泳（crossed immunoelectrophoresis）和火箭免疫电泳（rocket immunoelectrophoresis）。

（二）酶联免疫吸附法

酶免疫分析法（enzyme immunoassay，EIA）或免疫酶技术（immunoenzymatic technique）是 20 世纪 60 年代发展起来的一种新的免疫测定法，是以酶标记的抗体或抗原为主要试剂的方法，是标记免疫技术的一种。目前常用的方法为酶联免疫吸附法（enzyme linked immunosorbent assay，ELISA）。其基本原理是将抗原或抗体吸附在固相载体表面，并保持其免疫活性，加入酶标抗体或抗原。这种酶标抗体或抗原既保留其免疫活性，又保留酶的活性。在测定时，使受检标本和酶标抗体或抗原与固相载体表面的抗原或抗体起反应，形成酶标记的免疫复合物，通过洗涤，洗去游离的酶标抗体或抗原，而形成的酶标免疫复合物不能被洗去，当加入酶的底物时，底物被酶催化生成有色产物，产物的量与标本中受检物质的量直接相关，故可根据颜色的深浅对标本中的抗原或抗体进行定性和定量分析。由于酶的催化效率很高，间接地放大了免疫反应的结果，使测定方法达到很高的敏感度。常用于标记的酶有辣根过氧化物酶（horseradish peroxidase）、碱性磷酸酶（alkaline phosphatase）等。ELISA 常用的方法包括直接酶联免疫吸附法、间接酶联免疫吸附法、双抗体夹心酶联免疫吸附法和竞争酶联免疫吸附法。

（1）直接酶联免疫吸附法（direct ELISA）　是指酶标抗原或抗体直接与吸附在酶标板上的抗体或抗原结合形成酶标抗原－抗体复合物，加入酶反应底物，测定产物的吸光值，计算出吸附在酶标板上的抗体或抗原的量。

（2）间接酶联免疫吸附法（indirect ELISA）　是检测抗体最常用的方法，其原理是将特异性抗原与固相载体结合，形成固相抗原，加入受检标本，标本中的特异性抗体与固相抗原结合，形成固相抗原－抗体复合物，经洗涤后，固相载体上只留下特异性抗体，加入酶标抗抗体，它与固相复合物上的抗体相结合，从而使该抗体间接地标记上酶，洗涤后固相载体上的酶量就代表特异性抗体的量，因此加入底物显色，颜色深度就代表受检标本中抗体的量。

（3）双抗体夹心酶联免疫吸附法（double antibody sandwich，DAS - ELISA）是将特异性抗体吸附到固相载体上，加入含有待测抗原的样品，使抗原与固相载体上特异性抗体反应，洗涤除去未反应的样品，加入酶标记的特异性抗体与抗原反应，最后加入底物显色。本法只适用于较大分子抗原的分析，而不能用于半抗原等小分子的测定。

（4）竞争酶联免疫吸附法（competing ELISA）　可用于测定抗原，也可用于测定抗体。以测定抗体为例，受检抗体与酶标记抗体竞争与固相抗原结合，因此结合于固相的酶标抗体量与受检抗体的量呈反比。

四、生物大分子制备技术

生命大分子物质通常是指动物、植物和微生物在进行新陈代谢时所产生的蛋白质（包括酶）和核酸等有机化合物的总称。生命科学研究将进入后基因组时代，主要的研究方向就是以核酸和蛋白质的结构与功能为基础，从分子水平去认识生命现象。因此，得到高纯度具有生物活性的目的物质成为一切研究的首位。生物大分子的制备工作涉及物理、化学、生物等多学科知识，其制备的一般过程包括生物材料的前处理、生物大分子的粗分离、生物大分子的纯化、浓缩和干燥、生物大分子的鉴定等步骤。

（一）生物材料的前处理

1. 生物材料的选择

（1）微生物材料　①利用微生物菌体分泌到培养基中的代谢产物和胞外酶；②利用微生物菌体含有的生化物质：蛋白质、核酸和胞内酶等。使用微生物作为提取材料时要注意它的生长期。因为，在它达到对数生长期时，酶和核酸的含量较高，可获得较高的产量。

（2）植物材料　利用材料的根、茎、叶、果实等部分提取其中的生物活性物质。使用植物作为提取材料时要注意它的品种、生长地域、季节、气候条件等，甚至采摘的时间段都要考虑。

（3）动物材料　利用动物的脏器或组织提取有效成分。主要是选择有效成分含量丰富的部分。动物材料一般要进行绞碎、脱脂等处理。

上述处理后的材料，若不立即进行试验应冷冻保存。而对于易分解的生物大分子应选用新鲜材料制备。

2. 细胞的破碎

除了某些细胞外的多肽激素和某些蛋白质与酶以外，对于细胞内或多细胞生物组织中的各种生物大分子的分离纯化，都需要事先将细胞和组织破碎，使生物大分子充分释放到溶液中，并不丢失生物活性。不同的生物体或同一生物体的不同部位的组织，其细胞破碎的难易不一，使用的方法也不相同，如动物脏器的细胞膜较脆弱，容易破碎，植物和微生物由于具有较坚固的纤维素、半纤维素组成的细胞壁，要采取专门的细胞破碎方法。

3. 生物大分子的提取

提取是在分离纯化之前将经过预处理或破碎的细胞置于溶剂中，使被分离的生物大分子充分地释放到溶剂中，并尽可能保持原来的天然状态、不丢失生物活性的过程。这一过程是将目的产物与细胞中其他化合物和生物大分子分离，即由固相转入液相，或从细胞内的生理状况转入外界特定的溶液中。影响提取的因素主要有：目的产物在提取的溶剂中溶解度的大小；由固相扩散到液相的难易；溶剂的 pH 和提取时间等。一种物质在某一溶剂中溶解度的大小与该物质的分子结构及使用的溶剂的理化性质有关。一般地说，极性物质易溶于极性溶剂，非极性物质易溶于非极性溶剂；碱性物质易溶于酸性溶剂，酸性物质易溶于碱性溶剂；温度升高，溶解度加大，远离等电点的 pH，溶解度增加。提取时所选择的条件应有利于目的产物溶解度的增加和保持其生物活性。

（二）生物大分子的粗分离

分离纯化的方法很多，主要有：根据溶解度不同；根据分子大小差别等。

1. 根据溶解度不同的分离方法

（1）盐析　在溶液中加入中性盐使生物大分子沉淀析出的过程称为盐析。除了蛋白质和酶以外，多肽、多糖和核酸等都可以用盐析法进行沉淀分离。20%～40%饱和度的硫酸铵可以使许多病毒沉淀，43%饱和度的硫酸铵可以使 DNA 和 rRNA 沉淀，而 tRNA 保留在上清。盐析法应用最广的还是在蛋白质领域，其突出的优点是：①成本低，不需要特别昂贵的设备；②操作简单、安全；③对许多生物活性物质具有稳定作用。

（2）等电点沉淀法　等电点沉淀法是利用具有不同等电点的两性电解质，在达到电中性时溶解度最低，易发生沉淀，从而实现分离的方法。氨基酸、蛋白质、酶和核酸都是两性电解质，可以利用此法进行初步的沉淀分离。但是，由于许多蛋白质的等电点十分接近，而且带有水膜的蛋白质等生物大分子仍有一定的溶解度，不能完全沉淀析出，因此，单独使用此法分辨率较低，效果不理想，因而此法常与盐析法、有机溶剂沉淀法或与其他沉淀剂一起配合使用，以提高沉淀能力和分离效果。此法主要用于在分离纯化流程中去除杂蛋白。

（3）有机溶剂沉淀法　有机溶剂对于许多蛋白质（酶）、核酸、多糖和小分子生化物质都能发生沉淀作用，是较早使用的沉淀方法之一。其沉淀作用的原理主要是降低水溶液的介电常数。溶剂的极性与其介电常数密切相关，极性越大，介电常数越大，如20℃时水的介电常数为80，而乙醇和丙酮的介电常数分别为24和21.4，因而向溶液中加入有机溶剂能降低溶液的介电常数，减小溶剂的极性，从而削弱溶剂分子与蛋白质分子间的相互作用力，增加蛋白质分子间的相互作用，导致蛋白质溶解度降低而沉淀。另一方面，由于使用的有机溶剂与水互溶，它们在溶解于水的同时从蛋白质分子周围的水化层中夺走了水分子，破坏了蛋白质分子的水膜，因而发生沉淀作用。

2. 根据生物大分子大小差别的分离方法

（1）透析与超滤　透析法是利用半透膜将大小不同的生物大分子分开。超滤法是利用高压力或离心力，使水和其他小的溶质分子通过半透膜而生物大分子留在膜上。选择不同孔径的滤膜截留不同相对分子质量的生物大分子。

（2）凝胶过滤法（分子排阻层析法或分子筛层析）　这是根据分子大小分离蛋白质混合物的有效方法之一。主要填充材料是葡聚糖凝胶和琼脂糖凝胶。

（三）生物大分子的纯化

进一步将粗提物中其他的化合物和生物大分子除去的步骤称为纯化。纯化的步骤与纯化程度要求有密切关系，如要达到结晶纯度（99%以上），则一种纯化方法不易达到，可能要用多种方法步骤。主要有根据蛋白质带电性质进行分离、根据生物大分子的带电情况分离和根据蛋白质配体的特异性差异分离等。

（1）电泳法 电泳是最好的纯化方法之一，可以获得高纯的产品，但由于制备量有限，故只能作微量的纯化技术。

（2）离子交换层析法 阳离子交换剂：羟甲基纤维素；阴离子交换剂：二乙氨基乙基纤维素。

（3）亲和层析法 亲和层析法是分离蛋白质的一种非常有效的方法。它通常需要一步处理即可使某种待提纯分离的蛋白质从很复杂的蛋白质混合物中分离出来，而且纯度很高。

（四）生物大分子的浓缩与干燥

1. 样品浓缩

纯化后的样品往往液体体积较大，样品含量浓度低，需把体积减小以提高样品浓度，这就是浓缩过程。

（1）减压加温蒸发浓缩 通过降低液面压力使液体沸点降低。减压的真空度越高液体沸点越低，蒸发越快。此法适合不耐热的生物大分子浓缩。

（2）空气流动蒸发浓缩 空气流动可使液体加速蒸发。将铺成薄膜的液体表面不断通过空气流，或将样品溶液装入透析袋，置于冷室，用电扇对准吹风，使透析膜外溶剂不断蒸发达到浓缩目的。此法浓缩速度慢，不适于大量溶液处理。

（3）冰冻法 生物大分子溶液在低温下结成冰，盐类和生物大分子不能进入冰内而留在未结冰的液相中。操作时，先将待浓缩的溶液冷却使之变成固体，然后缓慢融解，利用溶剂与溶质融解点的差别而达到除去大部分溶剂的目的。如：蛋白质或酶的盐溶液浓缩。

（4）吸收法 通过吸收剂直接吸收除去溶剂分子使之浓缩。此法要求吸收剂与溶剂不起化学反应，对生物大分子不吸附，并且吸收剂与溶液易分开。常用的吸收剂有：聚乙二醇、聚乙烯吡咯酮、蔗糖和凝胶等。

（5）超滤法 使用一种特别的薄膜对溶液中各种溶质分子进行选择性的过滤。当溶液在一定压力下（氮气加压或真空负压）通过膜，溶剂和小分子透过而大分子受阻保留。此法是近年发展的新方法，应用较广，对蛋白质和酶溶液的浓缩、脱盐具有成本低、操作方便、条件温和、较好的保持生物大分子活性及回收率高等优点。

2. 干燥

（1）真空干燥　适用于不耐高温、易于氧化物质的干燥和保存。装置包括：干燥器、冷凝器和真空泵。干燥剂常用：P_2O_5、$CaCl_2$（无水）、变色硅胶等。

（2）冷冻干燥　除利用真空原理外，还增加温度因素。此法是在低温低压下使冰升华变成气体而除去。产品具有疏松、溶解度好和保持天然结构等优点。

（五）生物大分子的鉴定

目的生物大分子物质经过粗提、纯化、浓缩、干燥等一系列的操作，获得的样品必须经过鉴定，以确定制得的样品在数量上和质量上是否达到预期的目的。实际上，鉴定步骤不仅在分离制备的最终阶段，有些样品是贯穿在分离制备的每一个阶段。如果不是在每一步都对样品进行鉴定，最后的产品发现有问题，就难以确定是制备过程中的哪一步出了问题。对每一步进行鉴定，可以尽早发现问题并纠正，保证最终产品的质量。当然中间步骤产品的鉴定，不用像最终产品鉴定一样全面，只需进行 1～2 项特殊性的检查即可。如制备酶时，只需每步检查是否具有酶活即可。

Part 2 第二部分
基础生物化学实验

实验引言

实 验 一

糖的呈色反应和定性鉴定

实验类型　验证性
教学时数　6

操作视频

一、实验目的

（1）掌握莫氏（Molisch）实验鉴定糖的原理和方法。

（2）掌握塞氏（Seliwanoff）实验鉴定酮糖的原理和方法。

（3）掌握杜氏（Tollen）实验鉴定酮糖的原理和方法。

（4）掌握班氏（Benedict）实验鉴定还原性糖的原理和方法。

二、实验原理

1. 莫氏实验

糖经无机酸（浓硫酸、浓盐酸）脱水产生糠醛或糠醛衍生物，后者在浓无机酸作用下，能与 α - 萘酚生成紫红色缩合物。

2. 塞氏实验

酮糖在浓酸的作用下，脱水生成 5 - 羟甲基糠醛，后者与间苯二酚作用，呈红色反应；有时亦同时产生棕红色沉淀，此沉淀溶于乙醇，成鲜红色溶液。

3. 杜氏实验

戊糖在浓酸溶液中脱水生成糠醛，后者与间苯三酚结合成樱桃红色物质。

4. 班氏实验

柠檬酸钠和 Cu^{2+} 生成络离子，此络离子与葡萄糖中的醛基反应生成红黄色沉淀。

三、实验仪器与试剂

1. 仪器

水浴锅、试管、胶头滴管。

2. 试剂

（1）莫氏试剂　α – 萘酚 5g，溶于 95% 乙醇并稀释至 100mL。现用现配，并贮于棕色试剂瓶中。

（2）塞氏试剂　间苯二酚 50mg，溶于 100mL 盐酸（V_{H_2O}：V_{HCl} = 2：1），现用现配。

（3）杜氏试剂　2% 间苯三酚乙醇溶液（2g 间苯三酚溶于 100mL 95% 乙醇中）3mL，缓缓加入浓盐酸 15mL 及蒸馏水 9mL。临用时配制。

（4）班氏试剂　173g 柠檬酸钠和 100g 无水碳酸钠溶解于 800mL 水中。再取 17.3g 结晶硫酸铜溶解在 100mL 水中，慢慢将此溶液加入上述溶液中，最后用水稀释到 1L，当溶液不澄清时可过滤。

（5）其他试剂　1% 葡萄糖溶液，1% 蔗糖溶液，1% 淀粉溶液，1% 果糖溶液，1% 半乳糖溶液，1% 阿拉伯糖溶液，纤维素，浓硫酸。

四、实验内容

1. 莫氏实验

于 4 支试管中，分别加入 1mL 1% 葡萄糖溶液、1% 蔗糖溶液、1% 淀粉溶液和少许纤维素（棉花或滤纸浸在 1mL 水中），然后各加莫氏试剂 2 滴，摇匀，将试管倾斜，沿管壁慢慢加入浓硫酸 1.5mL（切勿振摇。），硫酸层沉于试管底部与糖溶液分成两层，观察液面交界处有无紫色环出现。

2. 塞氏实验

于 3 支试管中，分别加入 0.5mL 1% 葡萄糖溶液、1% 蔗糖溶液、1% 果糖溶液，然后各加塞氏试剂 2.5mL，摇匀，同时置沸水浴内，比较各管颜色及红色出现的先后顺序。

3. 杜氏实验

于 3 支试管中加入杜氏试剂 1mL，再分别加入 1 滴 1% 葡萄糖溶液、1% 半乳糖溶液和 1% 阿拉伯糖溶液，混匀。将试管同时放入沸水浴中，观察颜色的变化，并记录颜色变化的时间。

4. 班氏实验

于 5 支试管中，分别加入 1mL 1% 葡萄糖溶液、1% 蔗糖溶液、1% 果糖溶液、1% 麦芽糖溶液和 1% 淀粉溶液，然后各加班氏试剂 1mL，摇匀，同时置沸水浴内，比较各管颜色及红色出现的先后顺序。

5. 实验现象记录

仔细观察实验中的颜色变化，对于塞氏试验和杜氏试验还需记录颜色变化的时间。

实　验　二

还原糖和总糖的测定——3,5–二硝基水杨酸比色法

实验类型	综合性
教学时数	6

操作视频

一、实验目的

掌握还原糖和总糖测定的基本原理，学习比色法测定还原糖的操作方法和分光光度计的使用。

二、实验原理

还原糖的测定是糖定量测定的基本方法。还原糖是指含有自由醛基或酮基的糖类，单糖都是还原糖，双糖和多糖不一定是还原糖，如乳糖和麦芽糖是还原糖，蔗糖和淀粉是非还原糖。利用糖的溶解度不同，可将植物样品中的单糖、双糖和多糖分别提取出来，对没有还原性的双糖和多糖，可用酸水解法使其降解成有还原性的单糖进行测定，再分别求出样品中还原糖和总糖的含量（还原糖以葡萄糖含量计）。

还原糖在碱性条件下加热被氧化成糖酸及其他产物，3,5-二硝基水杨酸则被还原为棕红色的3-氨基-5-硝基水杨酸。在一定范围内，还原糖的量与棕红色物质颜色的深浅呈正比关系，利用分光光度计，在540nm波长下测定光密度值，查对标准曲线并计算，便可求出样品中还原糖和总糖的含量。由于多糖水解为单糖时，每断裂一个糖苷键需加入一分子水，所以在计算多糖含量时应乘以0.9。

3,5-二硝基水杨酸（黄色） + 还原糖 —加热碱性→ 3-氨基-5-硝基水杨酸（棕红色） + 糖酸

三、实验仪器与试剂

1. 材料
小麦面粉1000g。

2. 仪器
具塞玻璃刻度试管20mL，滤纸，烧杯100mL，三角瓶100mL，容量瓶100mL，刻度吸管1mL、2mL、10mL，恒温水浴锅，煤气炉，漏斗，天平，分光光度计。

3. 试剂
6mol/L HCl，6mol/L NaOH，酚酞指示剂。

（1）1mg/mL葡萄糖标准液 准确称取80℃烘至恒重的分析纯葡萄糖100mg，置于小烧杯中，加少量蒸馏水溶解后，转移到100mL容量瓶中，用蒸馏水定容至100mL，混匀，4℃冰箱中保存备用。

（2）3,5-二硝基水杨酸（DNS）试剂 称取6.5g DNS溶于少量热蒸馏水中，溶解后移入1000mL容量瓶中，加入2mol/L氢氧化钠溶液325mL，再加入45g丙三醇，摇匀，冷却后定容至1000mL。

（3）碘-碘化钾溶液 称取5g碘和10g碘化钾，溶于100mL蒸馏水中。

四、实验内容

1. 制作葡萄糖标准曲线

取 7 支 20mL 具塞刻度试管编号，按下表分别加入浓度为 1mg/mL 的葡萄糖标准液、蒸馏水和 3,5 - 二硝基水杨酸（DNS）试剂，配成不同葡萄糖含量的反应液。

管号	1mg/mL 葡萄糖标准液/mL	蒸馏水/mL	DNS/mL	葡萄糖含量/mg	光密度值（OD_{540nm}）
0	0	2	1.5	0	
1	0.2	1.8	1.5	0.2	
2	0.4	1.6	1.5	0.4	
3	0.6	1.4	1.5	0.6	
4	0.8	1.2	1.5	0.8	
5	1.0	1.0	1.5	1.0	
6	1.2	0.8	1.5	1.2	

将各管摇匀，在沸水浴中准确加热 5min，取出，用冷水迅速冷却至室温，用蒸馏水定容至 20mL，加塞后颠倒混匀。调分光光度计波长至 540nm，用 0 号管调零点，等后面 7~10 号管准备好后，测出 1~6 号管的光密度值。以光密度值为纵坐标，葡萄糖含量（mg）为横坐标，在坐标纸上绘出标准曲线。

2. 样品中还原糖和总糖的测定

（1）还原糖的提取　准确称取 3.00g 食用面粉，放入 100mL 烧杯中，先用少量蒸馏水调成糊状，然后加入 50mL 蒸馏水，搅匀，置于 50℃ 恒温水浴中保温 20min，不时搅拌，使还原糖浸出。过滤，将滤液全部收集在 100mL 的容量瓶中，用蒸馏水定容至刻度，即为还原糖提取液。

（2）总糖的水解和提取　准确称取 1.00g 食用面粉，放入 100mL 三角瓶中，加 15mL 蒸馏水及 10mL 6mol/L HCl，置沸水浴中加热水解 30min，取出 1~2 滴置于白瓷板上，加 1 滴 I - KI 溶液检查水解是否完全。如已水解完全，则不呈现蓝色。水解毕。冷却至室温后加入 1 滴酚酞指示剂，以 6mol/L NaOH 溶液中和至溶液呈微红色，并定容到 100mL，过滤取滤液 10mL 于 100mL 容量瓶中，定容至刻度，混匀，即为稀释 1000 倍的总糖水解液，用于总糖测定。

（3）显色和比色　取 4 支 20mL 具塞刻度试管，编号，按下表所示分别加入待测液和显色剂，将各管摇匀，在沸水浴中准确加热 5min，取出，冷水迅速冷却至室温，用蒸馏水定容至 20mL，加塞后颠倒混匀，在分光光度计上进行比色。调波长 540nm，用 0 号管调零点，测出 7～10 号管的光密度值。

管号	还原糖待测液/mL	总糖待测液/mL	蒸馏水/mL	DNS/mL	光密度值（OD$_{540nm}$）	查曲线葡萄糖量/mg	平均值
7	0.5		1.5	1.5			
8	0.5		1.5	1.5			
9		1	1	1.5			
10		1	1	1.5			

五、实验结果与计算

计算出 7、8 号管光密度值的平均值和 9、10 管光密度值的平均值，在标准曲线上分别查出相应的葡萄糖质量（mg），按下式计算出样品中还原糖和总糖的含量（以葡萄糖计）。

$$还原糖（\%）= \frac{查曲线所得葡萄糖质量（mg）\times \frac{提取液总体积}{测定时取用体积}}{样品质量（mg）}\times 100$$

$$总糖（\%）= \frac{查曲线所得水解后葡萄糖质量（mg）\times 稀释倍数}{样品质量（mg）}\times 0.9 \times 100$$

六、注意事项

（1）标准曲线制作与样品测定应同时进行显色，并使用同一空白调零点和比色。

（2）面粉中还原糖含量较少，计算总糖时可将其合并入多糖一起考虑。

七、思考题

（1）在样品的总糖提取时，为什么要用浓 HCl 处理？而在其测定前，又为何要用 NaOH 中和？

（2）标准葡萄糖浓度梯度和样品含糖量的测定为什么应该同步进行？比色时设 0 号管有什么意义？

（3）绘制标准曲线的目的是什么？

实　验　三

总糖的测定——蒽酮比色法

实验类型　综合性

教学时数　6

一、实验目的

掌握蒽酮比色法测糖的原理和方法。

二、实验原理

蒽酮比色法是一个快速而简便的定糖方法。蒽酮可以与游离的己糖或多糖中的己糖基、戊糖基及己糖醛酸起反应，反应后溶液呈蓝绿色，在 620nm 处有最大吸收。

本法多用于测定糖原的含量，也可用于测定葡萄糖的含量。

三、实验仪器与试剂

1. 材料

马铃薯干粉。

2. 仪器

可调试移液器或移液管、可见分光光度计（723 型）、电子分析天平、水浴锅、电炉。

3. 试剂

（1）蒽酮试剂　取 2g 蒽酮溶解到 80% H_2SO_4 中，以 80% H_2SO_4 定容到 1000mL，当日配制使用。

（2）标准葡萄糖溶液（0.1mg/mL）　100mg 葡萄糖溶解到蒸馏水中，定容到 1000mL 备用。

四、实验内容

1. 制作标准曲线

取 7 支干燥洁净的试管，按下表顺序加入试剂，进行测定。以吸光度值为纵坐标，各标准溶液浓度（mg/mL）为横坐标作图得标准曲线。

管号	0	1	2	3	4	5	6
标准葡萄糖溶液/mL	0	0.1	0.2	0.3	0.4	0.6	0.8
蒸馏水/mL	1.0	0.9	0.8	0.7	0.6	0.4	0.2
置冰水浴中 5min							
蒽酮试剂/mL	4.0	4.0	4.0	4.0	4.0	4.0	4.0
沸水浴中准确煮沸 10min，取出用流水冷却，室温放 10min，于 620nm 处比色							
葡萄糖浓度/（mg/mL）							
A_{620nm}							

2. 样品含量的测定

（1）样品液的制作　精确称取马铃薯干粉 0.1g 置于锥形瓶中，加入 30mL 沸水。沸水浴 30min（不时摇动），取出，3000r/min 离心 10min（或过滤）。反复洗涤残渣 2 次，合并滤液，冷却至室温。定容到 50mL 的锥形瓶中，再从中取出 1mL，再定容到 10mL 的容量瓶中。

（2）样品液的测定　取 4 支试管，按下表加样（加蒽酮时需要冰水浴 5min 冷却）。

试剂	1	2	3	4
样液/mL	0	1.0	1.0	1.0
蒸馏水/mL	1.0	0	0	0
蒽酮/mL	4.0	4.0	4.0	4.0
A_{620nm}				

　　加样冷却完成后置沸水中煮沸 10min，取出流水冷却放置 10min，620nm 处比色测量各管 OD 值。

　　以 1 号试管作为调零管，2、3、4 号管的 OD 值取平均后从标准曲线上查出样品液相应的含糖量。

五、实验结果与计算

$$w = \frac{C \times V}{m} \times 100\%$$

式中　w——糖的质量分数,%；

　　　　C——从标准曲线中查出的糖质量分数，mg/mL；

　　　　V——样品稀释后的体积，mL；

　　　　m——样品的质量，mL。

实 验 四

种子粗脂肪提取和定量测定——索氏提取法

实验类型	综合性
教学时数	9

一、实验目的

（1）学习索氏抽提法测定脂肪的原理与方法。

（2）掌握索氏抽提法基本操作要点及影响因素。

二、实验原理

利用脂类物质溶于有机溶剂的特性。在索氏提取器中用有机溶剂（本实验用石油醚，沸程为 30 ~ 60℃）对样品中的脂类物质进行提取。因提取的物质是脂类物质的混合物，故称其为粗脂肪。

索氏提取器（图 2 - 1）是由提取瓶、提取管、冷凝器三部分组成的，提取管两侧分别有虹吸管和连接管。各部分连接处要严密不能漏气。提取时，将待测样品包在脱脂滤纸包内，放入提取管内。提取瓶内加入石油醚。加热提取瓶，石油醚汽化，由连接管上升进入冷凝器，凝成液体滴入提取管内，浸提样品中的脂类物质。待提取管内石油醚液面达到一定高度，溶有粗脂肪的石油醚经虹吸管流入提取瓶。流入提取瓶内的石油醚继续被加热汽化、上升、冷凝，滴入提取管内，如此循环往复，直到抽提完全为止。

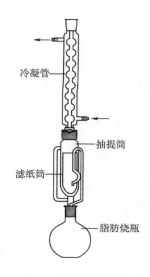

图 2 - 1　索氏提取器

三、实验仪器与试剂

1. 材料

花生油或猪油。

2. 仪器

索氏提取器、电热恒温鼓风干燥箱、干燥器、恒温水浴箱、滤纸筒。

3. 试剂

无水乙醚（不含过氧化物）或石油醚（沸程 30 ~ 60℃）。

四、实验内容

1. 样品处理

（1）固体样品　准确称取均匀样品 2～5g（精确至 0.01mg），装入滤纸筒内。

（2）液体或半固体　准确称取均匀样品 5～10g（精确至 0.01mg），置于蒸发皿中。加入海砂约 20g，搅匀后于沸水浴上蒸干，然后在 95～105℃下干燥。研细后全部转入滤纸筒内，用蘸有乙醚的脱脂棉擦净所用器皿，并将棉花也放入滤纸筒内。

2. 索氏提取器的清洗

将索氏提取器各部位充分洗涤并用蒸馏水清洗后烘干。脂肪烧瓶在 103℃ ±2℃的烘箱内干燥至恒重（前后两次称量差不超过 2mg）。

3. 样品测定

（1）将滤纸筒放入索氏提取器的抽提筒内，连接已干燥至恒重的脂肪烧瓶，由抽提器冷凝管上端加入乙醚或石油醚至瓶内容积的 2/3 处，通入冷凝水，将底瓶浸没在水浴中加热，用一小团脱脂棉轻轻塞入冷凝管上口。

（2）抽提温度的控制　水浴温度应控制在使提取液在每 6～8min 回流一次为宜。

（3）抽提时间的控制　抽提时间视试样中粗脂肪含量而定，一般样品提取 6～12h，坚果样品提取约 16h。提取结束时，用毛玻璃板接取一滴提取液，如无油斑则表明提取完毕。

（4）提取完毕　取下脂肪烧瓶，回收乙醚或石油醚。待烧瓶内乙醚仅剩下 1～2mL 时，在水浴上赶尽残留的溶剂，于 95～105℃下干燥 2h 后，置于干燥器中冷却至室温，称量。继续干燥 30min 后冷却称量，反复干燥至恒重（前后两次称量差不超过 2mg）。

五、实验结果与计算

1. 数据记录

样品的质量 m/g	脂肪烧瓶的质量 m_0/g	脂肪和脂肪烧瓶的质量 m_1/g			
		第一次	第二次	第三次	恒重值

2. 计算公式

$$X = \frac{m_1 - m_0}{m} \times 100$$

式中　X——样品中粗脂肪的质量分数，%；

　　m——样品的质量，g；

　　m_0——脂肪烧瓶的质量，g；

　　m_1——脂肪和脂肪烧瓶的质量，g。

六、注意事项

（1）抽提剂乙醚是易燃、易爆物质，应注意通风并且不能有火源。

（2）样品滤纸的高度不能超过虹吸管，否则上部脂肪不能提尽而造成误差。

（3）样品和醚浸出物在烘箱中干燥时，时间不能过长，以防止极不饱和的脂肪酸受热氧化而增加质量。

（4）脂肪烧瓶在烘箱中干燥时，瓶口侧放，以利空气流通。而且先不要关上烘箱门，与90℃以下鼓风干燥 10~20min，驱尽残余溶剂后再将烘箱门关紧，升至所需温度。

（5）乙醚若放置时间过长，会产生过氧化物。过氧化物不稳定，当蒸馏或干燥时会发生爆炸，故使用前应严格检查，并除去过氧化物。

①检查方法：取 5mL 乙醚于试管中，加 KI（100g/L）溶液 1mL，充分振摇 1min。静置分层。若有过氧化物则放出游离碘，水层是黄色（或加 4 滴 5g/L 淀粉指示剂显蓝色），则该乙醚需处理后使用。

②去除过氧化物的方法：将乙醚倒入蒸馏瓶中加一段无锈铁丝或铝丝，收集重蒸馏乙醚。

（6）反复加热可能会因脂类氧化而增重，质量增加时，以增重前的质量为恒重。

七、思考题

（1）简述索氏抽提器的提取原理及应用范围？

（2）潮湿的样品可否采用乙醚直接提取？为什么？

（3）使用乙醚作脂肪提取溶剂时，应注意的事项有哪些？为什么？

实 验 五

碘值的测定

实验类型	验证性
教学时数	6

一、实验目的

（1）掌握测定碘值的原理及操作方法。

（2）了解测定碘值的意义。

二、实验原理

脂肪中的不饱和脂肪酸碳链上有不饱和键，可以吸收卤素（Cl_2，Br_2 或 I_2），不饱和键数目越多，吸收的卤素也越多。每 100g 脂肪，在一定条件下所吸收的碘的克数，称为该脂肪的碘值。碘值越高，不饱和脂肪酸的含量越高。因此对于一个油脂产品，其碘值是处在一定范围内的。油脂工业中生产的油酸是橡胶合成工业的原料，亚油酸是医药上治疗高血压药物的重要原材料，它们都是不饱和脂肪酸；而另一类产品如硬脂酸是饱和脂肪酸。如果产品中掺有一些其他脂肪酸杂质，其碘值会发生改变，因此碘值可被用来表示产品的纯度，同时推算出油、脂的定量组成。在生产中常需测定碘值，如判断产品分离去杂（指不饱和脂肪酸杂质）的程度等。

测定碘值的方法很多，如氯化碘－乙醇法、氯化碘－乙酸法、碘酊法、溴化法、溴化碘法等。各方法不同点在于加成反应时卤素的结合状态和对卤素采用的溶剂不同。

本实验用硫代硫酸钠滴定过量的溴化钾与碘化钾反应放出的碘，以求出与脂肪加成的碘量。

$$IBr + KI \longrightarrow KBr + I_2$$
$$I_2 + 2Na_2S_2O_3 \longrightarrow 2NaI + Na_2S_4O_6$$

三、实验仪器与试剂

1. 材料

花生油或猪油。

2. 仪器

碘值滴定瓶（250～300mL），量筒（10，50mL），样品管（直径约0.5cm，长2.5cm），滴定管（50mL），分析天平。

3. 试剂

（1）纯四氯化碳。

（2）1%淀粉溶液（溶于饱和氯化钠溶液中）。

（3）10%碘化钾溶液。

（4）汉诺斯（Hanus）溶液　取12.2g碘，放入1500mL锥形瓶内，徐徐加入1000mL冰醋酸（99.5%），边加边摇，同时略加温热，使碘溶解。冷却后，加溴约3mL。

注意：所用冰醋酸不应含有还原物质。取2mL冰醋酸，加少许重铬酸钾及硫酸。若呈绿色，则证明有还原物质存在。

（5）0.05mol/L 标准硫代硫酸钠溶液　将结晶硫代硫酸钠 50g，放在经煮沸后冷却的蒸馏水中（无 CO_2 存在）。添加硼砂 7.6g 或氢氧化钠 1.6g。（硫代硫酸钠溶液在 pH9～10 最稳定）。稀释到 2000mL 后，用标准 0.02mol/L 碘酸钾溶液按下法标定：准确地量取 0.02mol/L 碘酸钾溶液 20mL、10% 碘化钾溶液 10mL 和 0.5mol/L 硫酸 20mL，混合均匀。以 1% 淀粉溶液作指示剂，用硫代硫酸钠溶液进行标定。按下列反应式计算硫代硫酸钠溶液浓度后，用水稀释至 0.1mol/L。

$$3H_2SO_4 + 5KI + KIO_3 \longrightarrow 2K_2SO_4 + 3H_2O + 3I_2$$

$$I_2 + 2Na_2S_2O_3 \longrightarrow 2NaI + Na_2S_4O_6$$

四、实验内容

用玻璃小管（约 0.5cm×2.5cm）准确称量 0.3～0.4g 花生油（或者约 0.1g 蓖麻油，约 0.5g 猪油）2 份。将样品和小管一起放入两个干燥的碘值测定瓶内，切勿使油粘在瓶颈或壁上。各加四氯化碳 10mL，轻轻摇动，使油全部溶解。用滴定管仔细地向每个碘值测定瓶内准确加入汉诺斯（Hanus）溶液 25mL，勿使溶液接触瓶颈。塞好玻璃塞，在玻璃塞与瓶口之间加数滴 10% 碘化钾溶液封闭缝隙，以防止碘升华溢出造成测定误差。然后，在 20～30℃暗处放置 30min。根据经验，测定碘值在 110g/100g 以下的油脂时放置 30min，碘值高于此值则需放置 1h；放置温度应保持 20℃以上，若温度过低，放置时间应增至 2h。放置期间应不时摇动。卤素的加成反应是可逆反应，只有在卤素绝对过量时，该反应才能进行完全。所以油吸收的碘量不应超过汉诺斯（Hanus）溶液所含碘量的一半。若瓶内混合液的颜色很浅，表示油用量过多，应再称取较少量的油，重做。

放置 30min 后，立刻小心打开玻璃塞，使塞旁碘化钾溶液流入瓶内，切勿丢失。用新配制的 10% 碘化钾 10mL 和蒸馏水 50mL 把玻璃塞上和瓶颈上的液体冲入瓶内，混匀。用 0.05mol/L 硫代硫酸钠溶液迅速滴定至瓶内溶液呈浅黄色。加入 1% 淀粉约 1mL，继续滴定。将近终点时，用力振荡，使碘由四氯化碳全部进入水溶液内。再滴至蓝色消失为止，即达到滴定终点。用力振荡是滴定成败的关键之一，否则容易滴过头或不足。如果振荡不够，四氯化碳层呈现紫色或红色，此时需继续用力振荡使碘全部进入水层。

滴定完毕放置一段时间后，滴定液应变回蓝色，否则就表示滴定过量。另作两份空白对照，除不加油样品外，其余操作同上。滴定后，将废液倒入废液瓶，以便收回四氯化碳。

注意：实验中使用的仪器，包括碘值测定瓶、量筒、滴定管和称样品用的玻璃小管，都必须是洁净、干燥的。

五、实验结果与计算

碘值表示 100g 脂肪所能吸收的碘的质量，因此样品的碘值计算如下：

$$碘值 = \frac{(A - B)T \times 10}{C}$$

式中　　A——滴定空白用去的硫代硫酸钠溶液平均体积，mL；

　　　　B——为滴定样品用去的硫代硫酸钠溶液平均体积，mL；

　　　　C——为样品质量，g；

　　　　T——与 1mL 0.05mol/L 硫代硫酸钠溶液相当的碘的质量。

测定脂肪酸和其他脂类物质的碘值时，操作方法完全相同。

实 验 六

卵磷脂的提取和鉴定

实验类型	验证性
教学时数	3

操作视频

一、实验目的

学习卵磷脂的提取和鉴定方法。

二、实验原理

卵磷脂是甘油磷脂的一种，由磷酸、脂肪酸、甘油和胆碱组成。广泛存在于动植物中，在植物种子和动物的脑、神经组织、肝脏、肾上腺以及红细胞中含量最多；蛋黄中含量最丰富，高达 8% ~ 10%，因而得名。

卵磷脂易溶于醇、乙醚等脂溶剂，可利用这些脂溶剂提取。新提取的卵磷脂为白色蜡状物，遇空气可氧化成为黄褐色，这是由于其中不饱和脂肪酸被氧化所致。卵磷脂的胆碱基在碱性条件下可以分解为三甲胺，三甲胺有特殊的鱼腥味，以此鉴别。

三、实验仪器与试剂

1. 材料

鸡蛋黄。

2. 仪器

烧杯、量筒、玻璃棒、蒸发皿、试管、漏斗、电子天平、酒精灯、石棉网、三脚架、滤纸。

3. 试剂

95% 乙醇、10% NaOH。

四、实验内容

1. 提取

于小烧杯内置蛋黄约 2g，加入热的 95% 乙醇 15mL，边加边搅拌，冷却，过滤，将滤液置于蒸发皿内，蒸汽浴上蒸干，残留物即为卵磷脂。

2. 鉴定

取以上提取物少许于试管内，加入 10% NaOH 溶液 2mL，水浴加热数分钟，嗅之是否有鱼腥味，以确定是否为卵磷脂。

五、思考题

乙醇提取卵磷脂的原理是什么？如何除去其他的生物大分子物质？

实 验 七

血清胆固醇的定量测定（磷硫铁法）

实验类型　综合性
教学时数　3

一、实验目的

掌握磷硫铁法测定血清胆固醇的原理和方法。

二、实验原理

1. 胆固醇的生理功能

（1）参与血浆蛋白的组成；

（2）细胞膜的结构成分；

（3）胆汁酸盐、肾上腺皮质激素和维生素 D 等的前体。

2. 测定原理

总胆固醇的测定有化学比色法（磷硫铁法和邻苯二甲醛法）和酶学方法（试剂盒）两类，本实验采用磷硫铁法测定血清胆固醇含量。

血清经无水乙醇处理，蛋白质被沉淀，胆固醇及其酯溶解在无水乙醇中。在乙醇提取液中，加磷硫铁试剂，胆固醇及其酯与试剂形成比较稳定的紫红色化合物，此物质在 560nm 波长处有特征吸收峰，可用比色法作胆固醇的定量测定。正常血清中胆固醇的含量有随年龄增大而增加的趋势，其平均正常值在 $110 \sim 220mg/100mL$。

胆固醇含量在 $400mg/100mL$ 内，与 A（或 OD）值呈良好线性关系。

三、实验仪器与试剂

（1）10% 三氯化铁溶液　10g $FeCl_3 \cdot 6H_2O$（A.R）溶于磷酸（A.R），定容至 100mL。储于棕色瓶，冷藏。

（2）磷硫铁试剂　取 10% $FeCl_3$ 溶液 1.5mL 于 100mL 棕色容量瓶内，加浓硫酸（A.R）至刻度。

（3）胆固醇标准储液　准确称取胆固醇 80mg，溶于无水乙醇，定容至 100mL。

（4）胆固醇标准溶液　将储液用无水乙醇准确稀释 10 倍即得。每毫升含 0.08mg 胆固醇。

四、实验内容

（1）吸取血清 0.1mL 于干燥离心管，先加无水乙醇 0.4mL，摇匀后再加无水乙醇 2.0mL，摇匀，10min 后离心（3000r/min 5min），上清液备用（分两次加入乙醇的目的是使作用完全）。

（2）取干燥试管 3 支，编号，分别加入无水乙醇 1.0mL（空白管）、胆固醇标准溶液 1.0mL（标准管）、上述乙醇提取液 1.0mL（样品管），各管皆加入磷硫铁试剂 1.0mL，摇匀，10min 后，分别转移至 0.50cm 光径的比色杯内，用分光光度计 560nm 比色。

试剂	测定管	标准管	空白管
乙醇抽提液	1.0mL		
胆固醇标准液		1.0mL	
无水乙醇			1.0mL
磷硫铁试剂	1.0mL	1.0mL	1.0mL
A（OD）			

硫磷铁试剂须沿管壁缓缓加入，与乙醇液分成两层，立即迅速振摇 20 次，放置 10min（冷却至室温）后，于 560nm 进行比色，以空白管调零读取各管吸光度。

五、实验结果与计算

（1）通过制作标准曲线来求得血清胆固醇的含量。

（2）因胆固醇含量在 400mg/100mL 内，与 A（或 OD）值呈良好线性关系，可由吸光值 A 的比值求其含量 $A_2/A_1 = C_2/C_1$，本实验即用此法。

（3）如按方法（1）使用血清为样品，亦可根据线性关系计算：

$$血清胆固醇(\text{mg/100mL}) = (A_2/A_1) \times 0.08 \times (100/0.04) = (A_2/A_1) \times 200$$

式中　　A_2——标准液吸光值；

　　　　A_1——样品液吸光值。

六、注意事项

（1）颜色反应与加硫磷铁试剂混合时的产热程度有关，因此，所用试管口径及厚度要一致；加硫磷铁试剂时必须与乙醇分成两层，然后混合，不能边加边摇，否则显色不完全；硫磷铁试剂要加 1 管混合 1 管，混合的手法、程度也要一致；混合时试管发热，注意勿使管内液体溅出，以免损伤衣服、皮肤、眼睛。

（2）所用试管和比色杯均须干燥，浓硫酸的质量很重要，放置日久，往往由于吸收水分而使颜色反应降低。

（3）空白管应接近无色，如带橙黄色，表示乙醇不纯，应用去醛处理。

（4）人血清胆固醇正常含量为 2.8～5.9mmol/L（110～230mg/dL）。计算公式中的 0.026 为 mg/dL 转换成 mmol/L 的系数。

实 验 八

蛋白质与氨基酸的呈色反应

实验类型	验证性
教学时数	3

操作视频

一、实验目的

学习鉴定蛋白质与氨基酸的方法及原理。

二、实验原理

1. 双缩脲反应

尿素加热到 180℃ 左右，生成双缩脲并放出 1 分子 NH_3，双缩脲在碱性环境中能与 Cu^{2+} 结合生成紫红色的化合物，此反应称为双缩脲反应。蛋白质分子中有肽键，其结构与双缩脲相似，也能发生此反应。因此，一切蛋白质或二肽以上的多肽都有双缩脲反应，但有双缩脲反应的物质不一定都是多肽或蛋白质。此法可用于蛋白质的定性或定量测定。

2. 茚三酮反应

除脯氨酸、羟脯氨酸与茚三酮反应生成黄色物质外，所有 α - 氨基酸及一切蛋白质都能和茚三酮反应生成紫色物质，该反应十分灵敏，目前广泛应用于氨基酸的定量测定。

3. 黄色反应

含有苯环结构的氨基酸，如酪氨酸（Tyr）、色氨酸（Trp），遇浓硝酸后，可被硝化成黄色物质，该化合物在碱性溶液中进一步生成深橙色的硝醌酸钠。多数蛋白质分子都含有带苯环的氨基酸，所以有黄色反应。苯丙氨酸不易硝化，需加少量浓硫酸才有黄色反应。

三、实验仪器与试剂

1. 仪器

试管、试管夹、烧杯、酒精灯、石棉网、三脚架。

2. 试剂

尿素，10% NaOH、1% $CuSO_4$、2% 卵清蛋白溶液、0.5% 甘氨酸（Gly）、0.3% Trp、0.3% Tyr、0.1% 茚三酮水溶液、0.1% 茚三酮 – 乙醇溶液、0.5% 苯酚溶液、浓硝酸。

四、实验内容

1. 双缩脲反应

（1）取少量尿素放在干燥的试管中，用微火加热使尿素熔化，当熔化的尿素开始硬化时，停止加热，尿素释放出氨气，形成双缩脲。冷却后，加 10% 的 NaOH 溶液约 1mL，振荡混匀，再加 1% 的 $CuSO_4$ 溶液 1 滴再振荡，观察出现粉红色。〔注：避免加入过量的 $CuSO_4$，否则生成蓝色 Cu（OH）$_2$ 能掩盖粉红色。〕

（2）再取另一试管加卵清蛋白溶液约 1mL 和 10% 的 NaOH 溶液约 2mL，摇匀，再加 1% 的 $CuSO_4$ 溶液 1～2 滴再振荡，观察颜色变化，出现紫红色表示有蛋白质的存在。

2. 茚三酮反应

（1）取两支试管分别加入蛋白质溶液和 Gly 溶液各 1mL，再各加 0.5mL 0.1% 茚三酮水溶液，混匀，在沸水浴中加热 1～2min，观察颜色由粉色变紫红色再变蓝色。

（2）在一小块滤纸上滴 1 滴 0.5% 的 Gly 溶液，风干后，再在原处滴 1 滴 0.1% 茚三酮 – 乙醇溶液，在微火旁烘干显色，观察紫红色斑点的出现。

3. 黄色反应

向六个试管中分别按下表加入试剂，观察各管出现的现象，有的试管反应慢可略放置或微火加热，待各管出现黄色后，于室温下逐滴加入 10% NaOH 溶液至碱性，观察颜色变化。

管号	1	2	3	4	5	6
材料	卵清蛋白 4 滴	头发 少许	指甲 少许	0.5% 苯酚 4 滴	0.3% Trp 4 滴	0.3% Tyr 4 滴
浓硝酸/滴	2	40	40	4	4	4
现象						
10% NaOH	将各管溶液滴至碱性为止（用 pH 试纸检查）					
现象						

五、思考题

茚三酮反应中，蛋白质与氨基酸反应现象有何不同？分析其可能的原因。

实 验 九

蛋白质的沉淀及变性

实验类型	验证性
教学时数	3

操作视频

一、实验目的

（1）加深对蛋白质胶体溶液稳定因素的认识。

（2）了解蛋白质变性与沉淀的关系。

（3）学习沉淀蛋白质的几种方法。

二、实验原理

在水溶液中的蛋白质分子由于表面生成水化层和双电层而成为稳定的亲水胶体颗粒，在一定理化因素影响下蛋白质颗粒可失去电荷或脱水而沉淀。蛋白质的沉淀反应可分为两类：

（1）可逆性沉淀反应　蛋白质分子的结构尚未发生显著性变化，除去引起沉淀的因素后，蛋白质的沉淀仍能溶于原来的溶剂中，并保持其天然性质而不变性。如大多数蛋白质的盐析作用或在低温下用乙醇（丙酮）短时间作用于蛋白质，提纯蛋白质常用此类反应。

（2）不可逆性沉淀反应　蛋白质分子的结构发生重大改变，蛋白质常变性而沉淀，不再溶于原来的溶剂中，如加热，与重金属离子或某些有机酸的反应就属于此类反应。蛋白质变性并不一定沉淀，沉淀也并不一定变性。

三、实验仪器与试剂

1. 仪器
离心机。

2. 试剂
$(NH_4)_2SO_4$结晶粉末、饱和的$(NH_4)_2SO_4$溶液、5%卵清蛋白、3%硝酸银、5%三氯乙酸、95%乙醇。

四、实验内容

1. 盐析
取5%的卵清蛋白溶液5mL，加入50%的$(NH_4)_2SO_4$溶液5mL静置数分钟，待球蛋白析出。过滤，向滤液中加$(NH_4)_2SO_4$结晶粉末直到不能溶解为止，待清蛋白析出。离心，取出沉淀，向沉淀中加水，观察是否溶解。

2. 重金属离子沉淀蛋白质
取5%卵清蛋白溶液2mL，加入1~2滴3%的硝酸银，观察沉淀析出。离心，取出沉淀，向沉淀中加水，观察是否溶解。

3. 有机酸沉淀蛋白质
取5%卵清蛋白溶液2mL，加入1mL 5%三氯乙酸溶液，振荡试管，观察沉淀的生成。放置片刻倾出上清液，向沉淀中加少量水，观察是否溶解。

4. 有机溶剂沉淀蛋白质
取1支试管加入2mL蛋白质溶液和2mL 95%乙醇溶液，混匀，观察沉淀生成，取沉淀加水观察沉淀是否溶解。

五、思考题

分析几种蛋白质沉淀方法的原理，并判断其是否为可逆性沉淀反应。

实 验 十

纸层析法分离氨基酸

实验类型	综合性
教学时数	6

操作视频

一、实验目的

通过氨基酸的分离，学习纸层析法的基本原理和操作方法。

二、实验原理

纸层析法是用滤纸作为惰性支持物的分配层析法，层析溶剂由有机溶剂和水组成。

物质被分离后在纸层析图谱上的位置是用 R_f 值（比移值）来表示的：

$$R_f = 原点到层析点中心的距离/原点到溶剂前沿的距离$$

在一定条件下某物质的 R_f 值是常数，R_f 的大小与物质的结构，性质、溶剂系统、层析滤纸的质量、层析温度等因素有关，本实验利用层析法分离氨基酸。

三、实验仪器与试剂

1. 仪器

层析缸、毛细管、喷雾器、培养皿、层析滤纸、吹风机、小烧杯。

2. 试剂

扩展剂（正丁醇：醋酸 = 4：1）、0.5%氨基酸溶液（赖氨酸、脯氨酸、缬氨酸、苯丙氨酸、亮氨酸溶液及混合氨基酸溶液）、0.1%水合茚三酮正丁醇溶液（显色剂）。

四、实验内容

（1）将盛有平衡溶剂的小烧杯置于密闭的层析缸中。

（2）取层析滤纸（长22cm×宽14cm）一张，在纸的一端距边缘2cm处用铅笔划一条直线，在此直线上每隔2cm作一记号。

（3）点样：用毛细管将各氨基酸样品分别点在这六个位置上，干后再点一次，每点在纸上扩散的直径最大不超过3mm。

（4）扩展：用线将滤纸缝成筒状，纸的两边不能接触。将盛有20mL扩展剂的培养皿迅速置于密闭的层析缸中，并将滤纸直立于培养皿中（点样的一端在下，扩展剂的液面需低于点样线1cm）。待溶液上升15～20cm时即取出滤纸，用铅笔描出溶剂前沿界线自然干燥或用热风吹干。

（5）显色：用喷雾器均匀喷上0.1%茚三酮正丁醇溶液然后置烘箱中烘烤5min（100℃）或用热风吹干即可显出各层析斑点。

（6）计算各种氨基酸的R_f值。

五、思考题

纸层析法分离氨基酸的原理是什么？

实 验 十 一

氨基酸总量的测定（甲醛法）

实验类型　验证性
教学时数　3

一、实验目的

学习用指示剂滴定法测定氨基酸含量。

二、实验原理

1. 单指示剂甲醛滴定法

氨基酸具有酸、碱两重性质，因为氨基酸含有—COOH 显示酸性，又含有—NH$_2$ 显示碱性。由于这两个基团的相互作用，使氨基酸成为中性的内盐。当加入甲醛溶液时，—NH$_2$ 与甲醛结合，其碱性消失，破坏内盐的存在，就可用碱来滴定—COOH，以间接方法测定氨基酸的量，反应式可能以下面三种形式存在。

$$
\begin{array}{l}
R\text{—CH—COO}^- \rightleftharpoons R\text{—CH—COO}^- + H^+ \\
\qquad |\qquad\qquad\qquad\qquad\qquad | \\
\quad NH_3^+ \qquad\qquad\qquad\qquad NH_2 \\
\\
R\text{—CH—COO}^- + HCHO \rightleftharpoons R\text{—CH—COO}^- \\
\qquad |\qquad\qquad\qquad\qquad\qquad\qquad\qquad | \\
\quad NH_2 \qquad\qquad\qquad\qquad\qquad NHCH_2OH \\
\\
R\text{—CH—COO}^- + HCHO \rightleftharpoons R\text{—CH—COO}^- \\
\qquad |\qquad\qquad\qquad\qquad\qquad\qquad\qquad | \\
\quad NHCH_2OH \qquad\qquad\qquad\quad N(CH_2OH)_2
\end{array}
$$

2. 双指示剂甲醛滴定法

与单指示剂法相同，只是在此法中使用了两种指示剂。从分析结果看，双指示剂甲醛滴定法与亚硝酸氮气容量法相近，单指示剂法稍偏低，主要因为单指示剂甲醛滴定法是以氨基酸溶液 pH 作为麝香草酚酞的终点。pH 在 9.2，而双指示剂是以氨基酸溶液的 pH 作为中性红的终点，pH 为 7.0，从理论计算看，双指示剂法较为准确。

三、实验仪器与试剂

1. 仪器

铁架台、滴定管、烧杯、锥形瓶。

2. 试剂

40%中性甲醛溶液、0.1%麝香草酚酞乙醇溶液、0.100mol/L 氢氧化钠标准溶液，0.1% 中性红（50% 乙醇溶液）。

四、实验内容

1. 单指示剂甲醛滴定法

称取一定量样品（约含 20mg 的氨基酸）于烧杯中（如为固体加水 50mL），加 2～3 滴指示剂，用 0.100mol/L NaOH 溶液滴定至淡蓝色。加入中性甲醛 20mL，摇匀，静置 1min，此时蓝色应消失。再用 0.100mol/L NaOH 溶液滴定至淡蓝色。记录两次滴定所消耗的碱液体积（mL），用下述公式计算：

$$氨基酸态氮(\%) = (NV \times 0.014 \times 100)/W$$

式中　　N——NaOH 标准溶液当量浓度；

　　　　V——NaOH 标准溶液消耗的总量，mL；

　　　　W——样品溶液相当样品质量，g；

　0.014——氮的毫克当量。

2. 双指示剂甲醛滴定法

取相同的两份样品，分别注入 100mL 三角烧瓶中，　一份加入中性红指示剂 2～3 滴，用 0.100mol/L NaOH 溶液滴定终点（由红变琥珀色），记录用量，另一份加入麝香草酚酞 3 滴和中性甲醛 20mL，摇匀，以 0.100mol/L NaOH 准溶液滴定至淡蓝色。按下述公式计算。

$$氨基酸态氮(\%) = [N(V_2 - V_1) \times 0.014]/W \times 100$$

式中　　V_2——用麝香草酚酞为指示剂时标准碱液消耗量，mL；

　　　　V_1——用中性红作指示剂时碱液的消耗量，mL；

　　　　N——标准碱液当量浓度；

　　　　W——样品的质量，g；

　0.014——氮的毫克当量。

五、注意事项

测定时样品的颜色较深，应加活性炭脱色之后再滴定。

实验十二

茚三酮显色法测定氨基酸浓度

实验类型　验证性
教学时数　6

一、实验目的

学习茚三酮溶液测定氨基酸浓度的操作，了解氨基酸定量的一些原理。

二、实验原理

茚三酮溶液与氨基酸共热，生成氨。氨与茚三酮和还原性茚三酮反应，生成紫色化合物。该化合物颜色的深浅与氨基酸的含量呈正比，可通过测定570nm处的光密度，测定氨基酸的含量。

三、实验仪器与试剂

1. **仪器**

分光光度计、水浴锅。

2. **试剂**

（1）2mol/L 醋酸缓冲液（pH5.4）　量取 86mL 2mol/L 醋酸钠溶液，加入 14mL 2mol/L 乙酸混合而成。

（2）茚三酮显色液　称取 85mg 茚三酮和 15mg 还原茚三酮，用 10mL 乙二醇甲醚溶解。

还原型茚三酮按下法制备：称取 5g 茚三酮，用 125mL 沸蒸馏水溶解，得黄色溶液。将 5g 维生素 C 用 250mL 温蒸馏水溶解，一边搅拌一边将维生素 C 溶液滴加到茚三酮溶液中，不断出现沉淀。滴定后继续搅拌 15min，然后在冰箱内冷却到 4℃，过滤、沉淀用冷水洗涤 3 次，置五氧化二磷真空干燥器中干燥保存，备用。

（3）样品液　每毫升含 0.5～50μg 氨基酸。

（4）其他试剂　0.3mmol/L 标准氨基酸溶液，60% 乙醇。

四、实验内容

1. 标准曲线的制作

分别取标准氨基酸溶液 0，0.2，0.4，0.6，0.8，1.0mL 于试管中，用水补足至 1.0mL。各加入 1.0mL 醋酸缓冲液；再加入 1.0mL 茚三酮显色液，充分混匀后，盖住试管口，在 100℃ 水浴中加热 15min，用自来水冷却。放置 5min 后，加入 3.0mL 60% 乙醇稀释，充分摇匀，用分光光度计测定 OD_{570nm}。（脯氨酸和羟脯氨酸与茚三酮反应呈黄色，应测定 OD_{440nm}）。以 OD_{570nm} 为纵坐标，氨基酸含量为横坐标，绘制标准曲线。

2. 氨基酸样品的测定

取样品液 1.0mL，加入 1.0mL 醋酸缓冲液和 1.0mL 茚三酮显色液，混匀后于 100℃ 沸水浴中加热 15min，自来水冷却。放置 5min 后，加 3mL 60% 乙醇稀释，摇匀后测定 OD_{570nm}（生成的颜色在 60min 内稳定）。将样品测定的 OD_{570nm} 与标准曲线对照，可确定样品中氨基酸含量。

五、实验结果与计算

$$氨基酸含量（mmol/L） = OD_{570nm}$$

式中　OD_{570nm}——对应标准曲线查得值。

实验十三

醋酸纤维薄膜电泳分离血清蛋白

实验类型　综合性
教学时数　6

操作视频

一、实验目的

学习醋酸纤维薄膜电泳的操作，了解电泳技术的一些原理。

二、实验原理

血清中含有数种蛋白质，它们的等电点大都在 pH6 以下，因此在 pH6 的缓冲液都以阴离子状态存在，通电后都向阳极移动，由于它们所带的电荷数目和分子质量不同，在电泳场中泳动的速度不同，故可利用电泳法将它们分离。

醋酸纤维薄膜由二乙酸纤维制成，它具有均一的泡沫状结构，厚度仅 $120\mu m$，渗透性强，对分子移动无阻力，用它作区带电泳的支持物，具有用量少，分离清晰，无吸附作用，快速简便等优点。目前已广泛用于血清蛋白、脂蛋白、血红蛋白、糖蛋白及酶的分离和免疫电泳等方面。

三、实验仪器与试剂

1. 材料
新鲜血清（无溶血现象）。

2. 仪器
醋酸纤维薄膜（2×8cm）、常压电泳仪、毛细管、培养皿、玻璃板、竹镊、粗滤纸。

3. 试剂

巴比妥缓冲液（pH8.6，离子强度 0.07mol/L）、氨基黑染色液、漂洗液、透明液。

四、实验内容

1. 浸泡

用镊子取醋酸纤维薄膜一条（识别出光泽面与无光泽面，并在角上用笔做上记号），放在缓冲液中浸泡 20min。

2. 点样

把膜条从缓冲液中取出，夹在两层粗滤纸内吸干多余的液体，然后平铺在玻璃板上（无光泽面朝上）。用毛细管取血清 2~3μL，均匀涂在点样器上，然后将点样器在膜条一端 1.5cm 处轻轻地水平接触并随即提起，这样血清样品即呈条状溶于纤维薄膜上。

3. 电泳

在电泳槽内加入缓冲液，使两个电极槽内的液面等高，将膜条平贴于泳槽支架的滤纸桥上，点样端靠近负极，盖严电泳室，通电进行电泳，调电压至 160V，电流强度 0.4~0.7mA/cm，电泳时间约为 1h。

4. 染色

电泳完毕后将膜条取下并放在染色液中浸泡 10min。

5. 漂洗

将膜条从染色液中取出后移置到漂洗液中漂洗数次（约 3~4 次）至无蛋白区底色脱净为止，再浸入蒸馏水中。

6. 透明和支持

将上述漂净的薄膜用滤纸吸干，待完全干燥后，浸入透明液中约 2~3min 后取出平贴于洁净玻璃板上，干燥后即得背景透明的电泳图谱，可用光密度计直接测定各蛋白斑点，此图谱可长期保存。

五、思考题

（1）电泳结果可见几条蛋白条带？分别标出其类别名称。

（2）用醋酸纤维薄膜做电泳支持物有什么优点？

实验十四

蛋白质的定量测定（一）——考马斯亮蓝染色法

实验类型　综合性
教学时数　6

操作视频

一、实验目的

（1）掌握考马斯亮蓝染色法定量测定蛋白质的原理与方法。
（2）熟练分光光度计的使用和操作方法。

二、实验原理

考马斯亮蓝 G250 在酸性溶液中呈红棕色，最大吸收峰在 465nm，它与蛋白质通过范德华力结合成复合物时变为蓝色，其最大吸收峰为 595nm，蛋白质－染料复合物在 595nm 处的吸光度与蛋白质含量成正比，故可用于蛋白质的定量测定。

三、实验仪器与试剂

1. 材料

稀释 40 倍的纯牛奶。

2. 器材

721 分光光度计、试管、试管架、移液管。

3. 试剂

考马斯亮蓝 G250、0.9% 生理盐水、蛋白质标准溶液（1mg/mL）。

四、实验内容

（1）标准曲线的制作：取试管 6 支，按下表编号并加入试剂充分混匀。

试剂	编号					
	1	2	3	4	5	6
$V_{标准蛋白质溶液}/\mu L$	0	20	40	60	80	100
$V_{0.9\%生理盐水}/\mu L$	100	80	60	40	20	—
ρ（蛋白质含量）/$(\mu g/mL)$	0	20	40	60	80	100

分别向每支试管中加入考马斯亮蓝 G250 试剂 3.0mL，充分振荡，放置 5min，于 595nm 测定吸光度，以 1 号试管为空白对照，以 A_{595nm} 为纵坐标，标准蛋白质含量为横坐标，绘制标准曲线。

（2）样品测定：取试管三支，吸取上述样品提取液 0.1mL，加入考马斯亮蓝 G250 3.0mL，充分振荡混合，放置 5min，以 1 号试管为空白对照，于 595nm 测定吸光度，在标准曲线上查出其相当于标准蛋白的量。

（3）计算样品中蛋白质含量。

五、思考题

比较其他蛋白质含量测定方法，指出本法的优缺点。

实验十五

蛋白质的定量测定（二）——微量凯氏定氮法

实验类型　综合性
教学时数　9

一、实验目的

（1）学习微量凯式定氮法测定蛋白质含量的原理。

（2）了解微量凯氏定氮仪的结构，掌握微量凯式定氮法测定蛋白质含量的操作方法。

二、实验原理

蛋白质（或其他含氮有机化合物）与浓硫酸共热时，其中所含的碳、氢两种元素被氧化成二氧化碳和水，氮元素转化成氨，并进一步与硫酸反应生成硫酸铵残留于反应液中。该过程称为"消化"。该消化过程进行缓慢，所需时间较长，通常须加入硫酸钾或硫酸钠以提高反应液的沸点，同时加入硫酸铜作为催化剂，加速反应速度。

消化完毕后，再加入过量的浓氢氧化钠溶液使消化液碱化，其中的硫酸铵与氢氧化钠反应生成氨，以蒸馏法使释放出的氨游离出来，用硼酸溶液（H_3BO_3）吸收后再以硫酸或盐酸标准溶液滴定，根据酸的消耗量乘以换算系数，即为蛋白质含量。大多数蛋白质的含氮量均值为16%，所以将测得的蛋白质的含氮量乘以蛋白质系数6.25（即每含有1g氮，即表示该物质含蛋白质6.25g）。

生物材料总氮量的测定，通常采用微量凯氏定氮法。凯氏定氮法由于具有测定正确度高，可测各种不同形态样品等优点，被公认为是测定蛋白质含量的标准分析方法。

三、实验仪器与试剂

1. 材料

玉米秸秆或其他待测样品。

2. 仪器

凯氏定氮仪、凯氏烧瓶、50mL 容量瓶、电子天平、烘箱、电炉、酒精灯、玻璃珠（小）、滴定管、洗瓶、锥形瓶、铁架台。

3. 试剂

（1）消化液　水、浓硫酸、30%过氧化氢溶液三者以1：2：3混合。

（2）催化剂　硫酸钾和硫酸铜以3：1混合，充分研磨、混匀。

（3）田氏指示剂　50mL 0.1%甲烯蓝乙醇溶液与200mL 0.1%甲基红乙醇溶液混合，贮于棕色瓶中备用。

（4）其他试剂　30%氢氧化钠溶液、2%硼酸溶液、标准盐酸溶液（0.01mol/L）

四、实验内容

1. 凯氏定氮仪的构造与安装

改进型凯氏定氮仪由蒸汽发生器、反应室及冷凝器三部分组成。按照仪器说明书要求及所标注连接方式仔细安装在一平稳的实验台上，如图2-2所示。

2. 样品处理

（1）液体样品　取一定体积测试样品直接进行消化即可。

（2）固体样品　一般用每100g样品（干重）中所含氮的质量（g）来表示。因此在进行消化之前，必须要将样品中所含水分去除掉。通常采用105℃下烘干的方法。取一定量的样品，充分粉碎后放入已称重的称量瓶内，置于105℃的烘箱内持续烘干4h。用坩埚钳将称量瓶取出放入干燥器内，待降至室温后称重。按上述操作继续烘干样品，每隔1h称量一次，直至两次称量质量不变，即达到恒重。精确称量已达恒重的样品0.1g作为本次实验测试样品。

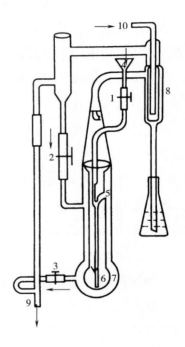

图2-2　改进型凯氏定氮仪

1，2，3—自由夹　4—加样漏斗

5—进气口　6—反应室

7—夹套　8—冷凝管

9—出水口　10—进水口

3. 消化

（1）加样　取干燥的凯氏烧瓶4个，分别编号后各加数粒玻璃珠。在1、2号瓶中各加样品0.1g，消化液5mL，催化剂0.2g。注意加样品时应直接送入瓶底，不可粘在瓶口和瓶颈上。在3、4号瓶中各加蒸馏水0.1mL代替样品。其他试剂同样品瓶，作为对照，用以测定试剂中可能含有的微量含氮物质。

（2）消化　每个瓶口放一漏斗，在通风橱内，于电炉上加热消化。开始消化时应以微火加热，不要使液体冲到瓶颈或冲出瓶外，否则将严重影响测定结果。待瓶内水汽蒸完，硫酸开始分解并放出二氧化硫白烟后，适当加强火力，使瓶内液体微微沸腾而不致跳荡。继续消化，直至消化液呈透明淡绿色为止。

（3）定容　消化完毕，静置，待烧瓶中液体冷却后，缓慢沿瓶壁加蒸馏水 10mL，随加随摇。冷却后将瓶内液体倾入 50mL 的容量瓶中，并以少量蒸馏水洗烧瓶数次，将洗液并入容量瓶中，并加水稀释至刻度线，充分混匀后备用。

4. 蒸馏

（1）蒸馏器的洗涤　接通冷凝水，打开自由夹 2。先向蒸汽发生器中加入一定量的水（以排水管的高度为宜），并关闭自由夹 2，用酒精灯或电炉将其加热烧开。将蒸馏水由加样漏斗加入反应室，关闭自由夹 1，移开酒精灯或电炉片刻，可使反应室中的水自动吸出，如此反复清洗 3～5 次。

清洗后在冷凝管下端放一盛有 5mL 2% H_3BO_3 溶液和 1～2 滴指示剂混合液的锥形瓶。蒸馏数分钟后，观察锥形瓶内溶液是否变色，如不变色则表明蒸馏装置内部已洗涤干净。如变色，继续洗涤，直至不变色为止。

（2）蒸馏　取 50mL 锥形瓶 3 个，各加入 2% H_3BO_3 溶液和 1～2 滴指示剂，溶液呈淡紫色，用表面皿覆盖备用。

关闭冷凝水，打开自由夹 2，使蒸汽发生器与大气相通。将上述已加试剂的锥形瓶放在冷凝器下面，并使冷凝器下端浸没在液体内。

用移液管取消化液 5mL，打开自由夹 1，小心地从加样漏斗下端加入反应室，随后加入 30% NaOH 溶液 5mL，关闭自由夹 1；在加样漏斗中加少量水做水封，以防止气体从漏斗处逸出。

关闭自由夹 2，打开冷凝水（注意不要过快过猛，以免水溢出），酒精灯加热蒸馏，当观察到锥形瓶中的溶液由紫变绿时（约 2～3min），开始计时，蒸馏3min，移出锥形瓶，使冷凝器下端离开液面约 1cm，同时用少量蒸馏水洗涤冷凝管口外侧，继续蒸馏 1min，取下锥形瓶，用表面皿覆盖瓶口。

蒸馏完毕后，应立即清洗反应室，方法见蒸馏器的洗涤。打开自由夹3，将水放出，再加热，再清洗，如此反复3～5次。最后将自由夹1、3同时打开，将蒸汽发生器内的全部废水换掉。关闭夹子，再使蒸汽通过整个装置数分钟后，继续下一次蒸馏。

待样品和空白消化液均蒸馏完毕，同时进行滴定。

5. 滴定

全部蒸馏完毕后，用标准盐酸溶液滴定各锥形瓶中收集的氨，滴定终点为指示剂溶液由绿变为淡紫色。

五、实验结果与计算

按如下公式计算样品中总氮量：

$$w(N) = \frac{c(V_1 - V_2) \times 14}{m \times 1000} \times \frac{\text{消化液总量(mL)}}{\text{消化液用量(mL)}}$$

式中 $w(N)$——样品中总氮的质量分数；

        c——标准盐酸溶液摩尔浓度；

        V_1——滴定样品所消耗标准盐酸溶液平均体积；

        V_2——滴定空白瓶所消耗标准盐酸溶液平均体积；

        m——样品质量，g；

        14——氮的相对原子质量。

样品中蛋白质含量可据此计算：

$$w(\text{蛋白质}) = w(N) \times 6.25$$

六、思考题

（1）消化过程中加入粉末 $K_2SO_4 - CuSO_4$ 混合物的作用是什么？

（2）记录实验结果，完成实验报告。

实验十六

蛋白质的定量测定（三）—— Folin – 酚法

实验类型　综合性
教学时数　6

一、实验目的

（1）学习 Folin – 酚法测定蛋白质含量的原理。

（2）掌握 Folin – 酚法测定蛋白质含量的方法。

二、实验原理

Folin – 酚试剂法最早由 Lowry 确定了蛋白质浓度测定的基本步骤，因此又称为 Lowry 法。以后在生物化学领域得到广泛的应用。该法是蛋白质含量测定的最灵敏方法之一。过去此法是应用最广泛的一种方法，由于其试剂乙的配制较为困难，近年来逐渐被考马斯亮蓝法所取代。

此法的显色原理与双缩脲方法相同，只是加入了第二种试剂，即 Folin – 酚试剂，以增加显色量，从而提高了蛋白质检测的灵敏度。这两种显色反应产生深蓝色的原理为：在碱性条件下，蛋白质中的肽键与 Cu^{2+} 结合，生成紫红色络合物。Folin – 酚试剂中的磷钼酸盐 – 磷钨酸盐被蛋白质中的酪氨酸和色氨酸残基还原，产生深蓝色（钼兰和钨兰的混合物）。在一定的浓度范围内，蓝色的深浅与蛋白质的含量成正比。

此法可检测的最低蛋白质量达 $5\mu g$。通常测定范围是 $20 \sim 250\mu g$。

三、实验仪器与试剂

1. 材料

人血清或蛋清（稀释至浓度为 $200\mu g/mL$）。

2. 仪器

可见光分光光度计、恒温水浴锅、旋涡混合器、计时器、试管、试管架、移液管。

3. 试剂

（1）试剂甲（A，B）：每次使用前，取 50 份 A 液与 1 份 B 液混合，新鲜配制。

A 液：10g Na_2CO_3、2g NaOH 和 0.25g 酒石酸钾钠（$KNaC_4H_4O_6 \cdot 4H_2O$），溶解于 500mL 蒸馏水中。

B 液：0.5g 硫酸铜（$CuSO_4 \cdot 5H_2O$）溶解于 100mL 蒸馏水中。

（2）试剂乙：在 2L 磨口回流瓶中，加入 100g 钨酸钠（$Na_2WO_4 \cdot 2H_2O$），25g 钼酸钠（$Na_2MoO_4 \cdot 2H_2O$）及 700mL 蒸馏水，再加 50mL 85% 磷酸溶液，100mL 浓盐酸，充分混合，接上回流管，以小火回流 10h，回流结束时，加入 150g 硫酸锂（Li_2SO_4）、50mL 蒸馏水及数滴液体溴，开口继续沸腾 15min，以便驱除过量的溴。冷却后溶液呈黄色。稀释至 1L，过滤，滤液置于棕色试剂瓶，冰箱长期保存。

（3）标准蛋白质溶液：精确称取结晶牛血清清蛋白或 G－球蛋白，溶于蒸馏水，浓度为 250μg/mL。牛血清清蛋白溶于水若混浊，可改用 9g/L NaCl 溶液配制。

（4）9g/L 生理盐水。

四、实验内容

1. 标准曲线制作

取 6 支干净的刻度试管，编号，按照下表加入试剂。

试剂	试管编号					
	1	2	3	4	5	6
$V_{标准蛋白质溶液}$/mL	—	0.2	0.4	0.6	0.8	1.0
$V_{0.9\%生理盐水}$/mL	1.0	0.8	0.6	0.4	0.2	—
ρ（蛋白质含量）/(μg/mL)	0	50	100	150	200	250

向各管内分别加入新鲜配制的试剂甲 2mL，混匀，室温放置 10min。再加入试剂乙 0.20mL，2s 内迅速混匀。40℃水浴 10min 后，冷却至室温。以 1 号试管

作空白对照，测定各管的吸光度值 A_{500nm}，以蛋白质含量为横坐标，A_{500nm} 值为纵坐标，绘制标准曲线；或以 A_{500nm} 值为纵坐标（y），蛋白质含量为横坐标（x），利用 Excel 统计功能，导出回归方程 $y = ax + b$。

注：①当试剂乙加到碱性的铜 – 蛋白质溶液中后，必须立即混匀（加一管混匀一管），使还原反应发生在磷钼酸 – 磷钨酸试剂被破坏之前。

②在测定吸光度时，每管重复测三次，求平均值用于绘标准曲线。

2. 样品测定

取 4 支干净的刻度试管，编号，按照下表加入试剂。

试剂	试管编号			
	1	2	3	4
$V_{待测蛋白质溶液}$/mL	—	1.0	1.0	1.0
$V_{0.9\%生理盐水}$/mL	1.0	—	—	—

向各管内分别加入新鲜配制的试剂甲 2mL，混匀，室温放置 10min。再加入试剂乙 0.20mL，2s 内迅速混匀。40℃ 水浴 10min 后，冷却至室温。以 1 号试管作空白对照，测定各管的吸光度值 A_{500nm}。在标准曲线上分别查出其相当于标准蛋白的量，计算 3 个平行样品中蛋白质浓度的平均值；或利用曲线回归方程，根据 A_{500nm} 测定值（y），换算出蛋白质浓度（x）并取其平均值。

若所测数据不在标准曲线范围内，应酌情调整待测液浓度。

五、思考题

（1）Folin – 酚法进行蛋白质定量的优缺点。

（2）记录实验结果，完成实验报告。

六、注意事项

（1）干扰物质　此法是在 Folin – 酚法的基础上引入双缩脲试剂，因此凡干扰双缩脲反应的基团，如—CO—NH$_2$，—CH$_2$—NH$_2$，—CS—NH$_2$ 以及在性质上是氨基酸或肽的缓冲剂，如 Tris 缓冲剂以及蔗糖，硫酸铵，疏基化合物均可干扰 Folin – 酚反应。此外，所测的蛋白质样品中，若含有酚类及柠檬酸，均对此反应有干扰作用。而浓度较低的尿素（约 0.5%）、胍（约 0.5%）、硫酸钠（1%）、硝酸钠（1%）、三氯乙酸（0.5%）、乙醇（5%）、乙醚（5%）、丙酮（0.5%）对显色无影响，这些物质在所测样品中含量较高时，则需做校正曲线。若所测的样品中含硫酸铵，则需增加碳酸钠－氢氧化钠浓度即可显色测定。若样品酸度较高，也需提高碳酸钠－氢氧化钠浓度 1~2 倍，这样即可纠正显色后色浅的弊病。

（2）控制时间　因 Lowry 反应的显色随时间不断加深，因此各项操作必须精确控制时间。即第 1 支试管加入 2.0mL 碱性硫酸铜试剂后，开始计时，1min 后，第 2 支试管加入 2.0mL 碱性硫酸铜试剂，2min 后加第 3 支试管，以此类推。全部试管加完碱性硫酸铜试剂后若已到 10min，则第 1 支试管可立即加入 0.20mL Folin－酚试剂，1min 后第 2 支试管加入 0.20mL Folin－酚试剂，2min 后加第 3 支试管，以此类推。40℃水浴 10min，冷却后，每 1min 测定一管吸光值。

（3）标准曲线　在绘制标准曲线时，应根据所描点的分布情况，作过原点的直线或光滑连续的曲线，该线表示实验点的平均变动情况，因此该线不需全部通过各点，但应尽量使未经过线上的实验点均匀分布在曲线或直线两侧。

实 验 十 七

牛乳中酪蛋白的制备

实验类型　综合性
教学时数　6

一、实验目的

（1）学习从牛乳中制备酪蛋白的原理和方法。

（2）掌握等电点沉淀法提取蛋白质的方法。

二、实验原理

牛乳中主要含有酪蛋白和乳清蛋白两种蛋白质。其中酪蛋白占了牛乳蛋白质的大约80%。酪蛋白为白色、无味、无臭的粒状固体。不溶于水、乙醇及有机溶剂，但溶于碱溶液。等电点为4.7。牛乳在pH4.7时酪蛋白等电聚沉后剩余的蛋白质统称乳清蛋白。乳清蛋白不同于酪蛋白，其粒子的水合能力强、分散性高，可溶解分散在乳清中。

本法利用蛋白质溶液处于等电点时，蛋白质分子净电荷为零，失去同种电荷的排斥作用，很容易聚集而发生沉淀的原理。将牛乳的pH调至4.7时，酪蛋白就沉淀出来。用乙醇洗涤沉淀物，除去脂类杂质后便可得到纯的酪蛋白。牛乳中酪蛋白含量约为35g/L。

三、实验仪器与试剂

1. 材料

牛乳制品。

2. 仪器

低速离心机、酸度计（或精密pH试纸）、水浴锅、烧杯、天平、温度计、布氏漏斗。

3. 试剂

（1）0.2mol/L pH4.7 醋酸 – 醋酸钠缓冲液。

A液：称取 NaAc·3H$_2$O 54.44g，溶于少量水中，定容至2000mL。

B液：称取优级纯醋酸（含量大于99.8%）12.0g，定容至1000mL。

取A液1770mL，B液1230mL混合，即得pH4.7的醋酸 – 醋酸钠缓冲液3000mL。

（2）其他试剂：95%乙醇、无水乙醚、乙醇 – 乙醚混合液、冰乙酸。

四、实验内容

1. 粗提

25mL牛乳加热至40℃。在搅拌下慢慢加入预热至40℃、pH4.7的醋酸缓冲液 25mL，用酸度计或精密 pH 试纸调溶液 pH 至 4.7。

将上述悬浮液冷却至室温。3000r/min，离心 15min。弃去上清液，沉淀即为酪蛋白粗制品。

2. 酪蛋白的纯化

用纯净水洗涤沉淀 3 次，3000r/min 离心 10min，弃去上清液。

在沉淀中加入 30mL 乙醇，搅拌片刻，将全部悬浊液转移至布氏漏斗中抽滤。用乙醇 – 乙醚混合液洗沉淀 2 次。最后用乙醚洗沉淀 2 次，抽干。

将沉淀摊开在表面皿上，风干，即得酪蛋白纯品。

五、实验结果与计算

准确称重，计算含量和得率。

$$酪蛋白含量(g/mL) = 酪蛋白 g/25mL \times 100\%$$

$$酪蛋白得率 = 测定含量/理论含量 \times 100\%$$

式中理论含量为 3.5g/100mL。

六、思考题

牛乳中酪蛋白制备的原理是什么？

实 验 十 八

IgG 葡聚糖凝胶过滤脱盐实验

实验类型	综合性
教学时数	9

操作视频

一、实验目的

（1）学习凝胶层析的工作原理和操作方法。

（2）掌握利用葡聚糖凝胶层析进行蛋白质脱盐的技术。

二、实验原理

葡聚糖凝胶的商品名称为 Sephadex，是葡萄糖通过 $\alpha-1,6-$糖苷键形成的葡聚糖长链，与交联剂环氧氯丙烷以醚键相互交联而成的具有三维空间的多孔网状结构物，呈珠状颗粒。

蛋白质溶液如含有无机盐离子，可利用葡聚糖凝胶层析的方法使蛋白质与无机盐分离，效果理想。本实验中利用 G-25 使蛋白质（IgG）与（NH$_4$）$_2$SO$_4$分离。当蛋白质的盐溶液进入葡聚糖凝胶柱时，小分子的（NH$_4$）$_2$SO$_4$扩散进入 G-25 的网孔中，而大分子的蛋白质因颗粒直径大，被排阻在凝胶颗粒（固定相）的外面。加入洗脱液（流动相）进行洗脱时，因大分子的蛋白质从凝胶颗粒的间隙随洗脱液向下流动，首先被洗脱下来，而小分子的（NH$_4$）$_2$SO$_4$扩散进凝胶颗粒的网孔之中，在层析柱中移动较慢，最后才能从柱中洗脱下来，这样蛋白质与（NH$_4$）$_2$SO$_4$就很容易地被分离开，从而达到对蛋白质样品脱盐的目的。

三、实验仪器与试剂

1. 材料

IgG-（NH$_4$）$_2$SO$_4$溶液。

2. 仪器

铁架台、层析柱（11mm×300mm）、滴定管夹、刻度滴管、刻度试管、白瓷反应板、Sephadex G-25、乳胶管、恒流泵（或螺旋夹）、弹簧夹、烧杯。

3. 试剂

（1）奈氏（Nessler）试剂　将 HgI$_2$ 11.5g 及 KI 8g 溶于去离子水中，稀释至 50mL，加入 6mol/L NaOH 50mL，静置后取上清液储存于棕色瓶中。

（2）其他试剂　0.01mol/L pH7.0 磷酸缓冲液、0.0175mol/L pH6.7 磷酸盐缓冲液、饱和（NH$_4$）$_2$SO$_4$溶液、去离子水（洗脱液）。

四、实验内容

1. IgG 的分离制备

取 4mL 血浆，加入 4mL 0.01mol/L pH7.0 磷酸缓冲液后，充分混匀，逐滴加入饱和（NH_4）$_2SO_4$ 溶液 2mL，边加边搅拌，使（NH_4）$_2SO_4$ 饱和度达到 20%。4℃放置 15min。3000r/min，离心 10min。

将上清液 6mL 转移至另一离心管，逐滴加入饱和（NH_4）$_2SO_4$ 溶液 2mL，边加边搅拌，使（NH_4）$_2SO_4$ 饱和度达到 40%。4℃放置 15min。3000r/min，离心 10min。

弃去上清液，向沉淀中加入 4mL 0.01mol/L pH7.0 磷酸缓冲液后，充分振荡，混匀。逐滴加入饱和（NH_4）$_2SO_4$ 溶液 2.2mL，边加边搅拌，使（NH_4）$_2SO_4$ 饱和度达到 35%。4℃放置 15min。3000r/min，离心 10min。沉淀即为 IgG 粗品。

弃去上清，向沉淀中加入 0.0175mol/L pH6.7 磷酸盐缓冲液 1mL，充分振荡，溶解沉淀。

过滤（可两小组合并过滤）。收集滤液，用作层析脱盐样品。

2. 层析脱盐

（1）溶胀凝胶　用去离子水沸水浴溶胀 Sephadex G－25 凝胶 2h 左右或用去离子水浸泡凝胶 24h 以上（中间需换一次水）。

（2）装柱　将层析柱固定在铁架台上，两端分别连接乳胶管。上端与洗脱液连通，装一螺旋夹用于调控洗脱速度。如条件允许，可选用恒流泵控制洗脱速度。先用少量洗脱液洗柱并排除乳胶管中的气泡，待柱中洗脱液高度约 2cm 时，关闭下端开关式弹簧夹。

将溶胀好的 Sephadex G－25 倒入层析柱中，使其自然沉降，沉降后凝胶柱的高度为层析柱高度的 3/4～4/5 且柱床面平整比较理想。打开下端开口，排除多余的洗脱液，床面上保持约 2cm 高的洗脱液，关闭下口。

（3）洗柱（平衡）　通过细乳胶管将洗脱液与层析柱接通，然后打开下端开口，让洗脱液滴下冲洗层析柱，以除去杂质并使柱床均匀密实。适当时间后（流下的洗脱液体积一般为柱床体积的 2～3 倍），关闭下口。洗柱过程中一般调整流速约 2mL/min。

（4）加样洗脱　用刻度滴管吸取 1mL 样品，滴管尖头小心沿层析柱内壁伸到床面之上，慢慢将样品加到凝胶床面上（不可搅动床面），此时能看到床面上样品与洗脱液之间有一清晰界面。打开下端开口，待样品全部进入凝胶柱时，接通洗脱液，开始洗脱并收集洗脱液。

（5）收集检测　用刻度试管收集洗脱液，每管收集 1mL。边收集边进行蛋白质与铵盐的检查。

铵盐检查：从每管中取收集液 2 滴置白瓷反应板穴中，加入奈氏试剂 1 滴，如有铵盐洗脱下来，则有黄红色沉淀，以"＋"的多少表示每穴中出现沉淀的多少。

蛋白质（IgG）检查：向每管剩余的收集液中加入磺柳酸溶液 5 滴，振荡，如有蛋白质洗脱下来，则出现浑浊或沉淀，以"＋"的多少表示不同收集管中沉淀的程度。

五、思考题

分析蛋白质和铵盐洗脱的次序，并做出合理解释。

实 验 十 九

SDS－聚丙烯酰胺凝胶电泳法测定蛋白质的相对分子质量

实验类型　综合性
教学时数　6

操作视频

一、实验目的

（1）理解 SDS－聚丙烯酰胺凝胶电泳法测定蛋白质相对分子质量的原理。

（2）掌握垂直板电泳的操作技术。

二、实验原理

蛋白质混合样品中，各蛋白质组分的迁移率主要取决于其分子大小和形状以及所带电荷多少。十二烷基硫酸钠（SDS）是一种阴离子表面活性剂，在聚丙烯酰胺凝胶系统中，加入一定量的 SDS，能使蛋白质的氢键和疏水键打开，并结合到蛋白质分子上，形成蛋白质–SDS 复合物，这种复合物由于结合了大量的SDS，使各种蛋白质都带上相同密度的负电荷，其数量远远超过了蛋白质分子原有的电荷量，从而掩盖了不同种类蛋白质间原有的电荷差别。此时，蛋白质分子的电泳迁移率主要取决于它的相对分子质量大小，而其他因素对电泳迁移率的影响几乎可以忽略不计。

当蛋白质的相对分子质量在 15000～200000 时，电泳迁移率与相对分子质量的对数值呈直线关系，符合下列方程：$\lg M_r = -bm_R + K$（式中：M_r 为蛋白质相对分子质量，m_R 为相对迁移率，b 为斜率，K 为截距。在条件一定时，b 和 K 均为常数）。若将已知相对分子质量的标准蛋白质的迁移率对相对分子质量的对数作图，可获得一条标准曲线。未知蛋白质在相同条件下进行电泳，根据它的电泳迁移率即可在标准曲线上求得相对分子质量。

三、实验仪器与试剂

1. 材料

低相对分子质量标准蛋白质按照每种蛋白 0.5～1mg/mL 样品溶解液配制。可配制成单一蛋白质标准液，也可配成混合蛋白质标准液。

2. 仪器

垂直板型电泳槽、直流稳压电泳仪、移液器、微量注射器、培养皿、滴管等。

3. 试剂

（1）分离胶缓冲液（Tris–HCl 缓冲液 pH8.9）　取 1mol/L 盐酸 48mL，Tris 36.3g，用无离子水溶解后定容至 100mL。

（2）浓缩胶缓冲液（Tris–HCl 缓冲液 pH6.7）　取 1mol/L 盐酸 48mL，Tris 5.98g，用无离子水溶解后定容至 100mL。

（3）凝胶贮备液　称丙烯酰胺（Acr）30g 及 N,N'–甲叉双丙烯酰胺（Bis）0.8g，溶于重蒸水中，最后定容至 100mL，过滤后置棕色试剂瓶中，4℃保存。

（4）10% SDS 溶液　SDS 在低温易析出结晶，用前微热，使其完全溶解。

（5）1% TEMED。

（6）10% 过硫酸铵（AP）　现用现配。

（7）电泳缓冲液（Tris - 甘氨酸缓冲液 pH8.3）　称取 Tris 6.0g，甘氨酸 28.8g，SDS 1.0g，用无离子水溶解后定容至 1L。

（8）样品溶解液　取 SDS 100mg，巯基乙醇 0.1mL，甘油 1mL，溴酚蓝 2mg，0.2mol/L，pH7.2 磷酸缓冲液 0.5mL，加重蒸水至 10mL（遇液体样品浓度增加一倍配制）。用来溶解标准蛋白质及待测固体。

（9）染色液　0.25g 考马斯亮蓝 G250，加入 454mL 50% 甲醇溶液和 46mL 冰乙酸即可。

（10）脱色液　75mL 冰乙酸，875mL 重蒸水与 50mL 甲醇混匀。

四、实验内容

1. 装板

将垂直板型电泳装置内的板状凝胶模子取出，将玻璃片洗净、凉干、嵌入凹槽中，形成一个"夹心"凝胶腔，把装好的凝胶腔置于仰放的电极上槽。将电泳槽、凝胶模子串成一体的垂直板型电泳装置，垂直放置在水平台面上，灌注胶液（夹子离梳子底边约 2mm）。

2. 配制分离胶

根据所测蛋白质相对分子质量范围，选择适宜的分离胶浓度。本实验采用 SDS - PAGE 不连续系统，在烧杯中按下表配制所需浓度的分离胶（12%）。

试剂名称	用量	试剂名称	用量
凝胶贮备液（30% Acr - 0.8% Bis）	2.5mL	重蒸馏水	3.35mL
分离胶缓冲液（pH8.9Tris - HCl）	2.5mL	10% AP	50μL
10% SDS	0.1mL	总体积	10mL
1% TEMED	5μL		

3. 分离胶的灌注和聚合

用移液管将所配制的分离胶缓冲液沿着凝胶腔的长玻璃板的内面缓缓注入，

留出梳齿的齿高加 1cm 的空间以便灌注浓缩胶，然后加满蒸馏水。待分离胶凝固后，倒出蒸馏水，用滤纸吸干。

4. 浓缩胶的配制（5%）

在烧杯中按下表配制所需浓度的浓缩胶

试剂名称	用量	试剂名称	用量
凝胶贮备液（30% Acr – 0.8% Bis）	0.8mL	重蒸馏水	2.92mL
浓缩胶缓冲液（pH6.7 Tris – HCl）	1.25mL	10% AP	25μL
10% SDS	0.05mL	总体积	5.05mL
1% TEMED	5μL		

5. 浓缩胶的灌注和聚合

用移液管将所配制的浓缩胶缓冲液沿着凝胶腔的长玻璃板的内面缓缓注入，将梳子插入胶液顶部，放置室温下待其聚合。

6. 样品的准备

在低相对分子质量标准蛋白质和待测样品中分别加入适量还原缓冲液，放入沸水浴中加热 3~5min，取出冷至室温。

7. 加样

加入电极缓冲液，小心拔出梳齿，用微量注射器向凝胶梳孔内加样。同时加入 Marker。

8. 电泳

上槽接负极，下槽接正极，打开直流电源，刚开始时，电压控制在不高于 100V，样品进入分离胶后，电压控制在不高于 140V。待指示剂染料靠迁移至下沿 1~1.5cm 处停止电泳。

9. 染色和脱色

小心将胶取出，放入一大培养皿中。

（1）染色　加入染色液，置于摇床上染色 2h。

（2）脱色　染色完毕，倒出染色液，加入脱色液，置于摇床上脱色，数小时更换一次脱色液，直至背景清晰，拍照。

五、实验结果与计算

量出分离胶顶端距溴酚蓝间的距离（cm）以及各蛋白质样品区带中心与分离胶顶端的距离（cm），按下式计算相对迁移率 m_R：

$$相对迁移率\ m_R = \frac{蛋白质样品距分离胶顶端迁移距离(cm)}{溴酚蓝区带中心距分离胶顶端距离(cm)}$$

以标准蛋白质分子量的对数对相对迁移率作图，得到标准曲线，根据待测样品相对迁移率，从标准曲线上计算出其相对分子质量。

六、注意事项

（1）不是所有的蛋白质都能用 SDS－凝胶电泳法测定其相对分子质量，已发现有些蛋白质用这种方法测出的相对分子质量是不可靠的。包括：电荷异常或构象异常的蛋白质，带有较大辅基的蛋白质（如某些糖蛋白）以及一些结构蛋白如胶原蛋白等。例如组蛋白 F1，它本身带有大量正电荷，因此，尽管结合了正常比例的 SDS，仍不能完全掩盖其原有正电荷的影响，它的相对分子质量是21000，但 SDS－凝胶电泳测定的结果却是35000。因此，最好至少用两种方法来测定未知样品的相对分子质量，互相验证。

（2）有许多蛋白质，是由亚基（如血红蛋白）或两条以上肽链（如 α－胰凝乳蛋白酶）组成的，它们在 SDS 和巯基乙醇的作用下，解离成亚基或单条肽链。因此，对于这一类蛋白质，SDS－凝胶电泳测定的只是它们的亚基或单条肽链的相对分子质量，而不是完整分子的相对分子质量。为了得到更全面的资料，还必须用其他方法测定其相对分子质量及分子中肽链的数目等，与 SDS－凝胶电泳的结果互相参照。

七、思考题

（1）用 SDS－聚丙烯酰胺凝胶电泳法测定蛋白质相对分子质量时为什么要用巯基乙醇？

（2）用 SDS－聚丙烯酰胺凝胶电泳测定蛋白质的相对分子质量，为什么有时和凝胶层析法所得结果有所不同？是否所有的蛋白质都能用 SDS－凝胶电泳法测定其相对分子质量？为什么？

实 验 二 十

核酸的含量测定（一）——紫外吸收法

实验类型　验证性

教学时数　3

一、实验目的

（1）学习紫外吸收法测定核酸含量的原理。

（2）掌握利用紫外分光光度计测定核酸含量的方法。

二、实验原理

核苷、核苷酸、核酸的组成成分中都有嘌呤、嘧啶碱基，这些碱基都具有共轭双键（—C—C═C—C═C—），在紫外光区的 $250 \sim 290nm$ 处有强烈的光吸收作用，最大吸收峰在 $260nm$ 波长处。因而可以核酸的紫外吸收性进行核酸的定量测定。利用紫外吸收法定量测定核酸时，通常规定：在 $260nm$ 波长下，每毫升含 $1\mu g$ DNA 溶液的 A_{260} 为 0.020，而每毫升含 $1\mu g$ RNA 溶液的 A_{260} 为 0.022。故测定被测样品的 A_{260}，即可计算出其中核酸的含量。不同形式 DNA 紫外吸光度不同，在核苷酸量相同的情况下：单核苷酸 > 单链 DNA > 双链 DNA。当核酸变性降解时，其紫外吸收强度显著增加，称为增色效应；反之，变性 DNA 复性后，吸光度降低，称为减色效应。

蛋白质也有紫外吸收，通常蛋白质的最高吸收峰在 $280nm$ 波长处，在 $260nm$ 处的吸收值仅为核酸的 $1/10$ 或更低，因此对于含有微量蛋白质的核酸样品，测定误差较小。若待测的核酸制品中混有大量的具有紫外吸收的杂质，则测定误差较大，应设法除去。不纯的样品不能用紫外吸收值作定量测定。从 A_{260}/A_{280} 的比值可判断样品的纯度。纯 RNA 的 $A_{260}/A_{280} \geqslant 2.0$；DNA 的 $A_{260}/A_{280} \geqslant$ 1.8。当样品中蛋白质含量较高时，则比值下降。RNA 和 DNA 的比值分别低于 2.0 和 1.8 时，表示此样品不纯。pH 对核酸紫外吸收性有影响，所以在测定时 要固定溶液的 pH。

三、实验仪器与试剂

1. 材料

RNA 或 DNA 样品。

2. 仪器

紫外－可见分光光度计、容量瓶（50mL）、离心机及离心管、冰箱。

3. 试剂

钼酸铵－过氯酸沉淀剂（0.25% 钼酸铵－2.5% 过氯酸溶液）：将 3.6mL 70% 过氯酸和 0.25g 钼酸铵溶于 96.4mL 蒸馏水中。

四、实验内容

取洁净离心管甲乙两支，分别准确加入 2.0mL DNA 或者 RNA 样品液，然后 向甲管加入 2.0mL 蒸馏水，向乙管加入 2.0mL 过氯酸－钼酸铵沉淀剂（沉淀除 去大分子核酸，作为对照），摇匀后置冰箱内 30min，使沉淀完全，3000r/min 离 心 10min。从甲、乙两管中各吸取上清液 0.5mL 转入相同编号的两容量瓶内，加 蒸馏水定容至 50mL，充分混匀。

取光程为 1cm 的石英比色杯，以蒸馏水作空白对照，使用紫外光度计分别 测定上述甲乙两管的 A_{260} 值及甲管的 A_{280} 值。

五、实验结果与计算

样品液中 DNA/RNA 总含量按下式计算：

$$DNA(\mu g/mL) = \frac{A_{260甲} - A_{260乙}}{0.020} \times n$$

$$RNA(\mu g/mL) = \frac{A_{260甲} - A_{260乙}}{0.022} \times n$$

式中　n——样品的稀释倍数。

样品的纯度可根据 A_{260}/A_{280} 比值进行判断。

六、思考题

（1）采用紫外光吸收法测定样品的核酸含量有何优缺点？

（2）若样品中含有核苷酸类杂质，应如何校正？

实验二十一

核酸的定量测定（二）——定磷法

> 实验类型　验证性
>
> 教学时数　3

一、实验目的

掌握定磷法测定核酸含量的原理与方法。

二、实验原理

核酸分子中含有一定比例的有机磷，一般为 9.5% 左右（RNA 中含磷量为 9.0%，DNA 中含磷量为 9.2%），因此通过测得核酸中有机磷的含量即可推算出核酸的量，即每测得 1mg 有机磷，就表示有 11mg 的核酸。用强酸使核酸分子中的有机磷消化成为无机磷，使之与钼酸铵结合成磷钼酸铵（黄色沉淀）。

$$PO_4^{3-} + 3NH_4^+ + 12MoO_4^{2-} + 24H^+ = (NH_4)_3PO_4 \cdot 12MoO_3 \cdot 6H_2O\downarrow + 6H_2O$$

当有还原剂存在时，Mo^{6+} 被还原成 Mo^{4+}，此 4 价钼再与试剂中的其他 MoO_4^{2-} 结合成 $Mo(MoO_4)_2$ 或 Mo_3O_8，呈蓝色，称为钼蓝。钼蓝在 660nm 处有最大光吸收峰，在一定浓度范围内，蓝色的深浅和磷含量呈正比，可用比色法测定。当使用抗坏血酸为还原剂时，测定的最适范围为 $1 \sim 10\mu g$ 无机磷。

生物有机磷材料中有时含有无机磷杂质，故用定磷法来测定该有机磷物质的量时，必须分别测定该样品的总磷量，即样品经过消化以后所测得的含磷量，以及该样品的无机磷含量，即样品未经消化直接测得的含磷量。将总磷量减去无机磷才是该有机磷物质的含磷量。

三、实验仪器与试剂

1. 仪器

分析天平、容量瓶（50 及 100mL）、台式离心机及离心管、凯氏烧瓶（50mL）、恒温水浴锅、200℃烘箱、硬质玻璃试管、移液管、分光光度计。

2. 试剂

以下试剂均用分析纯，溶液要用重蒸水配制。

（1）标准磷溶液：将分析纯磷酸二氢钾（KH_2PO_4）预先置于105℃烘箱烘至恒重。然后放在干燥器内使温度降到室温，精确称取 0.2195g（含磷50mg），用水溶解，定容至50mL（含磷量为1mg/mL），作为贮存液置冰箱中待用。测定时，取此溶液稀释100倍，使含磷量为10μg/mL。

（2）定磷试剂：3mol/L 硫酸：水：2.5% 钼酸铵：10% 抗坏血酸 ＝1∶2∶1∶1（体积比）。配制时按上述顺序加试剂。溶液配制后当天使用。正常颜色呈浅黄绿色，如呈棕黄色或深绿色不能使用，抗坏血酸溶液在冰箱放置可用 1 个月。

（3）沉淀剂：称取 1g 钼酸铵溶于 14mL 70% 过氯酸中，加 386mL 水。

（4）5mol/L 硫酸。

（5）5% 氨水。

四、实验内容

1. 磷标准曲线的绘制

取试管 6 支，0~5 依次编号。按下表加入各试剂。注意每加好一种试剂后应立即摇匀。

试剂	0	1	2	3	4	5
标准磷溶液/mL	0	0.2	0.4	0.6	0.8	1.0
定磷试剂/mL	3	3	3	3	3	3
蒸馏水/mL	3	2.8	2.6	2.4	2.2	2.0
A_{660nm}	0					

各反应液加毕后，于45℃水浴保温10min，冷却，置分光光度计中分别测定在其波长660nm的光吸收值（A_{660nm}）。以所得光吸收值为纵坐标，以无机磷含量为横坐标，作图，即得无机磷的标准曲线图。

2. 总磷的测定

准确称取样品（粗核酸）0.1g，用少量蒸馏水溶解（如不溶，可滴加5%氨水至pH7.0），转移至50mL容量瓶中，加水至刻度（此溶液含样品2mg/mL）。吸取上述样液1.0mL，置于50mL克氏烧瓶中，加入2.5mL 10mol/L硫酸，将凯氏烧瓶接在凯氏消化架上（或在通风橱内），在电炉上加热，至溶液透明，表示消化完成。冷却，将消化液移入100mL容量瓶中，用少量水洗涤凯氏烧瓶两次，洗涤液一并倒入容量瓶，再加水至刻度，混匀后吸取3.0mL置于试管中，加定磷试剂3.0mL，45℃水浴中保温10min，冷却测A_{660nm}。

3. 无机磷的测定

吸取样液（2mg/mL）1.0mL，置于100mL容量瓶中，加水至刻度，混匀后吸取3.0mL置试管中，加定磷试剂3.0mL，45℃水浴中保温10min，测A_{660nm}。

五、实验结果与计算

$$总磷 A_{660nm} - 无机磷 A_{660nm} = 有机磷 A_{660nm}$$

由标准曲线查得有机磷的质量（μg），再根据测定时的取样体积（mL），求得有机磷的质量浓度（μg/mL）。按下式计算样品中核酸的质量分数：

$$w = \frac{CV \times 11}{m} \times 100\%$$

式中　w——核酸的质量分数，%；

C——有机磷的质量浓度，$\mu g/mL$；

V——样品总体积，mL；

11——因核酸中含磷量为9%左右，$1\mu g$ 磷相当于 $11\mu g$ 核酸；

M——样品质量，μg。

六、思考题

（1）为什么首先要用强酸对核酸样品进行消化？

（2）除了样品溶液消化至透明，表示消化完成外，还可以用何种方法来分析判断？

实验二十二

核酸的定量测定（三）——定糖法（地衣酚法）

实验类型　验证性
教学时数　3

一、实验目的

学习和掌握测定 RNA 含量的定糖法（地衣酚法）的原理和操作技术。

二、实验原理

核糖核酸与浓盐酸共热时，即发生降解，形成的核糖继而转变成糖醛，后者与 3,5 - 二羟基甲苯（地衣酚）反应呈鲜绿色，该反应需用三氯化铁或氯化铜作催化剂，反应产物在 670nm 处有最大吸收，RNA 浓度在 $20 \sim 200\mu g/mL$ 范围内，吸光度与 RNA 的浓度呈正比关系。由于地衣酚反应特异性较差，凡戊糖组分均可与地衣酚反应，在反应液中如混有 DNA 或其他杂质也能给出类似的颜色。因此测定 RNA 时，应先除去 DNA 等杂质，排除 DNA 等杂质影响，也可先测定 DNA 的含量，再计算出 RNA 的含量。

地衣酚法只能测定 RNA 中与嘌呤连接的核糖，不同来源的 RNA 所含嘌呤与嘧啶的比例各不相同，因此，用所测得的核糖量来换算各种 RNA 的含量存在误差。最好用被测样品相同来源的纯化 RNA 作 RNA – 核糖标准曲线，然后从曲线求得被测样品的 RNA 含量。

三、实验仪器与试剂

1. 仪器

试管及管架、水浴锅、移液管（1，2，5mL）、可见分光光度计。

2. 试剂

（1）RNA 标准溶液　取酵母 RNA 配成 200μg/mL 的标准溶液（如不溶，可滴加氢氧化铵溶液，调至 pH = 7.0）。

（2）样品溶液　RNA 浓度在 20 ~ 100μg/mL 范围内（自己提取）。

（3）地衣酚试剂　先配制 0.1% 三氯化铁浓盐酸溶液（A·R）。使用前再用上述溶液为溶剂配成 0.1% 的地衣酚溶液（临用时配制）。

四、实验内容

1. RNA 标准曲线的制作

取 6 支试管，编号，按下表加入试剂。

试剂	1	2	3	4	5	6
RNA 标准液/mL	0	0.4	0.8	1.2	1.6	2.0
蒸馏水/mL	2	1.6	1.2	0.8	0.4	0
地衣酚试剂/mL	2	2	2	2	2	2
A_{670nm}						

加毕，摇匀，置沸水浴中加热 15min，冷却，测 A_{670nm} 值。以 A_{670nm} 值为纵坐标，RNA 浓度（μg/mL）为横坐标作图绘制标准曲线。

2. 样品的测定

取 0.2~0.5mL 样品液于试管中，加蒸馏水稀释至 2mL，后加 2mL 地衣酚试剂摇匀，于沸水中煮 15min，冷却，测 A_{670nm}。根据测得的吸光度值，从标准曲线上查出相当该吸光度的 RNA 的浓度，按下式计算样品中 RNA 的含量。

$$RNA\ 含量(\%) = \frac{待测溶液中测得\ RNA\ 质量(\mu g)}{样品待测溶液中样品质量(\mu g)} \times 100\%$$

五、注意事项

样品中蛋白质含量较高时，应先用 5% 三氯乙酸溶液沉淀蛋白质后再测定。

六、思考题

有哪些物质对测定结果有干扰？如何除杂？

实验二十三

酵母 RNA 的分离及组分鉴定

实验类型　验证性
教学时数　3

操作视频

一、实验目的

（1）掌握酵母 RNA 提取的方法。

（2）了解核酸的组成。

（3）掌握鉴定核酸组分的方法和操作。

二、实验原理

酵母中 RNA 含量可达酵母干重的 2% ~ 10%，DNA 则少于 0.5%。RNA 可溶于碱性溶液，用氢氧化钠使酵母细胞壁变性、裂解，然后用酸中和，离心除去蛋白质和菌体后，上清液用乙醇沉淀，由此可得 RNA 的粗制品。RNA 由核糖、碱基和磷酸组成，加入硫酸煮沸后可使其水解，从水解液中可对上述组分进行分别鉴定。

①磷酸：用强酸使 RNA 中的有机磷消化成无机磷，后者与定磷试剂中的钼酸铵结合成磷酸铵（黄色沉淀）。当有还原剂存在时，磷酸铵立即转变成蓝色的还原产物：钼蓝。

②核糖：RNA 与浓盐酸供热时，发生降解，形成的核糖继而转变成糠醛，在 Fe^{3+} 或 Cu^{2+} 催化下后者与苔黑酚反应，生成鲜绿色复合物。

③嘌呤碱：嘌呤碱与 $AgNO_3$ 能产生白的嘌呤银化物沉淀。

三、实验仪器与试剂

1. 仪器

100mL 三角瓶、沸水浴、量筒、滴管、试管及试管架、烧杯、离心机。

2. 试剂

0.2% NaOH 氢氧化钠溶液，乙酸，95% 乙醇，10% 硫酸溶液，浓氨水，5% 硝酸银溶液。

（1）苔黑酚（地衣酚）试剂　将 200mg 苔黑酚溶于 100mL 浓盐酸中，再加入 100mL $FeCl_3 \cdot 6H_2O$ 临时用配制。

（2）定磷试剂　①17% 硫酸溶液：将 19mL 浓硫酸（相对密度 1.84）缓缓加入到 83mL 水中；②2.5% 钼酸铵溶液：将 2.5g 钼酸铵溶于 100mL 水中；③10% 抗坏血酸溶液：10g 抗坏血酸溶于 100mL 水中，贮棕色瓶保存（溶液呈淡黄色时可用，如呈深黄或棕色则失效）。临用时将上述 3 种溶液与水按如下比例混合——①：②：③：水 = 1：1：1：2。

四、实验内容

（1）取 2g 干酵母置于 100mL 三角瓶中，加入 0.2% NaOH 溶液 20mL，沸水浴

30min，经常搅拌，加入乙酸数滴使提取液呈酸性（用 pH 试纸鉴定），4000r/min 离心 5～10min。

（2）取上清液加 95% 乙醇 20mL，边加边搅拌，4000r/min，离心 5～10min。

（3）沉淀用 95% 乙醇洗 2 次，每次 10mL 搅拌沉淀，离心，沉淀为粗 RNA。

（4）向上述含有 RNA 的离心管内加 10% H_2SO_4 5mL，加热煮沸 1～2min，将 RNA 水解。

①核糖：取水解液 0.5mL，加苔黑酚试剂 1mL，加热至沸 1min，注意溶液是否变绿。

②嘌呤碱：取水解液 2mL，加入氨水 2 滴及 5% $AgNO_3$ 1mL，观察是否有絮状嘌呤银化物产生。

③磷酸：取水解液 1mL，加入定磷试剂 1mL，观察溶液是否呈蓝色。

五、思考题

用地衣酚鉴定 RNA 时加入 Cu^{2+} 或 Fe^{3+} 的目的是什么？

实验二十四

质粒 DNA 的提取和琼脂糖凝胶电泳

实验类型	综合性
教学时数	6

操作视频

一、实验目的

（1）掌握从大肠杆菌中制备质粒 DNA 的方法，提供实验所需载体。

（2）了解琼脂糖凝胶电泳的原理和应用范围，掌握琼脂糖凝胶电泳分离

DNA 的方法。

二、实验原理

1. 质粒 DNA 的提取

质粒（Plasmid）是存在于细菌染色体外的 DNA 分子，其范围大小在 1 ~ 200kb 以上不等。它是独立于细菌染色体外进行复制和遗传的辅助性遗传单位。质粒在基因工程中是最常用的载体。提取质粒 DNA 也是基因工程中最常见的实验操作。

提取质粒首先要进行大肠杆菌细胞的制备，制备后可以用碱裂解液进行细胞裂解，使细胞壁破裂，染色体 DNA 和蛋白质变性，将质粒 DNA 释放到上清中。尽管碱性溶剂使碱基配对完全破坏，闭环的质粒 DNA 双链仍不会彼此分离，这是因为它们在拓扑学上是相互缠绕的。而裂解过程中，细菌蛋白、破裂的细胞壁和变性的染色体 DNA 会相互缠绕成大型复合物，后者被十二烷基硫酸盐包盖。当用钾离子取代钠离子时，这些复合物会从溶液中有效地沉淀下来。离心除去变性剂后，就可以从上清中回收复性的质粒 DNA，最后用聚乙二醇沉淀法进行质粒的纯化。对于小量制备的质粒 DNA，经过苯酚、氯仿抽提，RNA 酶消化和乙醇沉淀等简单步骤去除残余蛋白质和 RNA，所得纯化的质粒 DNA 已可满足细菌转化、DNA 片段的分离和酶切、常规亚克隆及探针标记等要求，故在分子生物学实验室中常用。

2. 琼脂糖凝胶电泳

琼脂糖凝胶电泳技术（Agarosegelelectroghoresis）是分离、鉴定和提纯 DNA 片段的有效方法。凝胶分辨率取决于使用凝胶的浓度，最大分辨率可以分离分子大小相差 50 个 bp 的 DNA 分子。琼脂糖凝胶可分辨 0.1 ~ 6.0kb 的双链 DNA 片段。在弱碱性条件下，DNA 分子带负电荷。琼脂糖凝胶电泳是在电场作用下，利用琼脂糖的分子筛效应，使 DNA 分子从负极向正极移动。根据 DNA 分子大小、结构及所带电荷的不同，它们以不同的速率通过介质运动而相互分离。借助溴化乙锭（EB）等可以与双链 DNA 结合的作用的染料进行染色，并通过紫外线激发即可观察被分离 DNA 片段的位置。

三、实验仪器与试剂

1. 材料

大肠杆菌 E. coli DH5α 感受态细胞，pMD18T 质粒。

2. 仪器

恒温振动培养箱、恒温水浴锅、低温高速离心机、微量移液器、电泳仪、水平电泳槽、紫外投射仪、紫外分光光度计、细菌培养瓶、1.5mL EP 管。

3. 试剂

无水乙醇、氨苄青霉素粉末、DNA marker、琼脂糖、溴化乙锭水溶液（10mg/mL）、1mmol/L EDTA、Tris – HCl（pH8.0）饱和苯酚。

（1）溶液Ⅰ　50mmol/L 葡萄糖，25mmol/L Tris – HCl pH8.0，10mmol/L EDTA。

（2）溶液Ⅱ　0.2mol/L NaOH，1% SDS，用前新配制。

（3）溶液Ⅲ　5mmol/L KAc 溶液，pH4.8。

（4）TE 缓冲液　10mmol/L Tris – HCl，1mmol/L EDTA pH8.0。

（5）LB 液体培养基　胰蛋白胨 10g，酵母粉 5g，NaCl 10g，加蒸馏水溶解，用 NaOH 调 pH 至 7.5，加水至 1000mL，高压灭菌。

（6）TAE 电泳缓冲液　40mmol/L Tris，20mmol/L NaAc，1mmol/L EDTA pH8.0。

（7）上样缓冲液　0.25% 溴酚蓝、30% 甘油。

（8）氯仿/异戊醇　体积比为 24∶1。

四、实验内容

1. 质粒 DNA 的提取（碱裂解法）

（1）将大肠杆菌菌落挑取一环接种在含有 2mL LB 液体培养基的 10mL 试管里，37℃振荡培养过夜，16~18h。

（2）取培养的菌液 1.5mL 移至 1.5mL Eppendorf 管中，8000r/min 离心 30s，尽量除去上清液。

（3）加入 100μL 预冷的溶液 Ⅰ，盖紧 EP 管盖，剧烈振荡，冰上放置 5min。

（4）加入 200μL 新配制的溶液 Ⅱ，温和翻转 EP 管 5 次（可观察到溶液逐步由混浊变为透明），轻轻混匀内容物，冰上放置 5min。

（5）加入 150μL 预冷的溶液Ⅲ，将 EP 管盖紧后来回翻转 2~3 次，混匀后冰上放置 5min，12000r/min 离心 15min。

（6）将上清液转移到另一个 EP 管中（吸取时不可吸入底部的沉淀）。加入等体积的酚和氯仿：异戊醇各抽提 1 次，取上清液移入一个新的 EP 管。

（7）加入 2 倍体积预冷的无水乙醇和 1/10 体积的 NaAc（3mol/L，pH5.2），盖紧，并翻转 EP 管数次混匀。

（8）室温放置 5min 后，以 12000r/min 离心 5min，弃尽上清液。

（9）加入 1mL 70% 乙醇洗涤管底白色沉淀，吸去上清液，空气干燥或真空抽干。

（10）将沉淀溶于 20μL TE 缓冲液或 ddH$_2$O，完全溶解后，-20℃保存。

（11）提纯质粒的鉴定：紫外吸收检测质粒 DNA 的浓度和纯度。

2. 琼脂糖凝胶电泳

（1）灌胶　将黏胶纸粘于灌胶模槽的两端，制成灌胶模。放入梳子。将模放于水平台上。取一烧杯，加入琼脂糖 1.2g 和 TBE 缓冲液 100mL，混匀，加热至琼脂糖彻底溶解。待稍冷后，加入 5μL 饱和的溴乙锭，轻晃混匀，然后轻轻倒入模子。用吸头吸去表面小泡。待冷却成胶。

（2）上样电泳　将胶块移入电泳槽，点样孔一侧靠近负极，注入 TBE 缓冲液，浸没凝胶，轻轻拔出梳子。加 1μL 上样缓冲液与 5μL 质粒溶液混匀，用移液器小心加样。加样时，加样枪头尖端插入上样孔内 1/3 高度，轻轻将样品推入，使相对密度较大的样品自然沉入上样孔底。避免刺入前后凝胶和刺穿凝胶底部。开启电源，电压调至 100V。通常 30min 后检查。

（3）染色　电泳结束后，将凝胶放入溴化乙锭水溶液中，脱色摇床上染色 20min。

（4）结果观察　置凝胶于长波紫外透射仪上，可见清晰的呈淡橘红色的标准品若干梯度条带、质粒 DNA 泳道可见 3 个条带。

五、思考题

（1）简要描述质粒提取中，溶液Ⅰ、溶液Ⅱ和溶液Ⅲ的作用以及加入三种溶液反应体系所出现现象的成因。

（2）回答质粒提取中酚氯仿的作用。

（3）质粒电泳后为什么出现三个条带？三个条带分别是什么？

实验二十五

酶的特性——底物专一性

实验类型　验证性
教学时数　3

操作视频

一、实验目的

（1）理解酶的专一性。

（2）掌握验证酶的专一性的实验方法。

（3）学习科学设计实验对照的方法。

二、实验原理

酶的专一性（Enzyme Specificity）是指酶对底物及其催化反应的严格选择性。通常酶只能催化一种化学反应或一类相似的反应，不同的酶具有不同程度的专一性，酶的专一性可分为三种类型：绝对专一性、相对专一性、立体专一性；也可分为：结构专一性和立体异构专一性。如淀粉酶只能催化淀粉水解，对蔗糖的水解并无催化作用。淀粉水解产物为葡萄糖，蔗糖水解产物为果糖及葡萄糖，水解产生的葡萄糖和果糖的半缩醛基均可与 Benedict 试剂反应，生成氧化亚铜的砖红色沉淀。利用 Benedict 试剂的颜色反应可验证淀粉或蔗糖是否水解。

本实验通过观察唾液淀粉酶和蔗糖酶对淀粉及蔗糖的催化作用，验证酶的专一性。

三、实验仪器与试剂

1. 仪器

恒温水浴锅、移液管、离心管、量筒等。

2. 试剂

（1）唾液淀粉酶溶液　先用蒸馏水漱口，再含 10mL 左右蒸馏水，轻轻漱动，约 2min 后吐出收集在烧杯中，即得清澈的唾液淀粉酶原液，根据酶活高低稀释 50 ~ 100 倍，即为唾液淀粉酶溶液。

（2）蔗糖酶溶液　取 1g 干酵母放入研钵中，加入少量石英砂和水研磨，加 50mL 蒸馏水，静置片刻，过滤即得。

（3）Benedict 试剂　溶解 85g 柠檬酸钠和 50g $Na_2CO_3 \cdot 2H_2O$ 于 400mL 蒸馏水中；另溶 8.5g $CuSO_4 \cdot 5H_2O$ 于 50mL 热水中。将硫酸铜溶液缓缓倾入柠檬酸钠 – 碳酸钠溶液中，边加边搅匀，如有沉淀可过滤除去，此试剂可长期保存。

（4）其他试剂　2% 蔗糖，1% 淀粉溶液（含 0.3% 氯化钠）。

四、实验内容

1. 淀粉酶的专一性

取 3 支试管，编号，按下表操作。

试剂	试管编号		
	1	2	3
唾液淀粉酶溶液/mL	1	1	1
1% 淀粉溶液/mL	3		
2% 蔗糖溶液/mL		3	
蒸馏水/mL			3
摇匀置 37℃ 水浴保温 15min			
Benedict 试剂/mL	2	2	2
沸水浴煮沸 2 ~ 3min			
观察记录现象			

2. 蔗糖酶的专一性

取 3 支试管，编号，按下表操作。

试剂	试管编号		
	1	2	3
蔗糖酶溶液/mL	1	1	1
1% 淀粉溶液/mL	3		
2% 蔗糖溶液/mL		3	
蒸馏水/mL			3
摇匀置 37℃ 水浴保温 15min			
Benedict 试剂/mL	2	2	2
沸水浴煮沸 2～3min			
观察记录现象			

五、思考题

（1）观察酶的专一性为什么设计 3 管实验？蒸馏水管的作用是什么？

（2）如果将酶沸水加热 10min 后重复上面的实验，会有怎样结果？为什么？

实验二十六

酶活力的影响因素

实验类型　验证性
教学时数　3

操作视频

一、实验目的

（1）了解 pH、温度、激活剂和抑制剂对酶活力的影响。

（2）学习测定酶最适 pH 的方法。

二、实验原理

对环境敏感是酶的特性之一。对一种酶来说，只能在一定的 pH 范围表现其活力，否则酶即失活。而且，在这个 pH 范围内，酶的活性也会随环境 pH 的改变而变化。酶通常在某一特定 pH 时，表现最大活力，此时的 pH 称为酶的最适 pH。一般酶的最适 pH 在 4~8。

酶的催化作用受到温度的影响也很大，提高温度一般可以提高酶促反应的速度。但是，大多数酶是蛋白质，温度过高会引起蛋白质变性，导致酶的失活。酶促反应速度达到最大值时的温度成为酶的最适温度，大多数动物酶的最适温度为 37~40℃。

某些物质可以增加酶的活力，称为酶的激活剂；有些物质则可以降低酶的活力，称为酶的抑制剂。例如，Cl^- 为唾液淀粉酶的激活剂，Cu^{2+} 为唾液淀粉酶的抑制剂。

淀粉遇碘呈蓝色，糊精按分子质量大小，遇碘可呈蓝色、紫色、暗褐色或红色。最简单的糊精和麦芽糖遇碘不显色。因此，可以根据与碘反应的颜色变化来判断淀粉被淀粉酶水解的程度。

三、实验仪器与试剂

1. 仪器

恒温水浴锅。

2. 试剂

唾液液淀粉酶溶液、1% 淀粉溶液（含 0.3% 氯化钠）、1% 淀粉溶液（不含氯化钠）、0.2mol/L Na_2HPO_3 溶液、0.1mol/L 柠檬酸溶液、1% NaCl 溶液、1% $CuSO_4$ 溶液、1% Na_2SO_4 溶液、$KI-I_2$ 溶液。

四、实验内容

1. pH 对酶活力的影响

（1）取试管 6 支，编号，按下表准确添加 0.2mol/L Na$_2$HPO$_3$溶液和 0.1mol/L 柠檬酸溶液，制备 pH5.0～8.0 的不同缓冲液。

试管编号	试剂		
	0.2mol/L Na$_2$HPO$_3$溶液 /mL	0.1mol/L 柠檬酸溶液 /mL	缓冲液 pH
1	1.55	1.45	5.0
2	1.9	1.1	6.0
3	2.3	0.7	6.8
4	2.8	0.2	7.6
5	2.9	0.1	8.0
6	2.3	0.7	6.8

（2）向以上试管中加入 1% 淀粉溶液（含 0.3% 氯化钠）2mL。

（3）向第 6 号试管中加入唾液淀粉酶溶液 2mL，混匀后放入 37℃水浴锅。每隔 1min 由 6 试管中吸取 1 滴混合液，滴入白瓷板中，再滴加 1 滴 KI－I$_2$溶液，检测淀粉的水解程度。直至反应颜色为黄色，取出试管，记录孵育时间。

（4）以 1min 为间隔，依次向第 1～5 号试管加入唾液淀粉酶溶液 2mL，混匀，并以 1min 为间隔依次放入 37℃水浴锅中。然后，按照步骤 3 中记录的孵育时间依次将 5 支试管中的反应溶液滴入白瓷板，与 KI－I$_2$溶液反应。判断在不同 pH 下淀粉被水解的程度，并确定最适 pH。

2. 温度对酶活力的影响

取 3 支试管，编号，按下表操作：

试剂	试管编号		
	1	2	3
唾液淀粉酶溶液（含 0.3% 氯化钠）/mL	1	—	1
煮沸过的淀粉酶溶液（含 0.3% 氯化钠）/mL	—	1	—
1% 淀粉溶液/mL	3	3	3
冰水混合溶液 15min			摇匀置 37℃ 水浴保温 15min
白瓷板与 KI－I_2 溶液反应			
观察记录现象			

3. 激活剂和抑制剂对酶活力的影响

取 3 支试管，编号，按下表操作：

试剂	试管编号		
	1	2	3
唾液淀粉酶溶液（不含 0.3% 氯化钠）/mL	1	1	1
1% NaCl 溶液/mL	1	—	—
1% $CuSO_4$ 溶液/mL	—	1	—
1% Na_2SO_4 溶液/mL	—	—	1
摇匀置 37℃ 水浴保温 15min			
白瓷板与 KI－I_2 溶液反应			
观察记录现象			

五、思考题

（1）在测定 pH 对酶活力影响的实验中如何准确控制反应时间？

（2）在激活剂和抑制剂对酶活力影响的实验中 Na_2SO_4 溶液对照组的作用是什么？

实验二十七

底物浓度对酶促反应速度的影响——米氏常数的测定

实验类型　综合性
教学时数　6

一、实验目的

（1）了解底物浓度对酶活力的影响。
（2）学习测定米氏常数的方法。

二、实验原理

酶促反应速度与底物浓度的关系可用米氏方程来表示：

$$v = \frac{V[S]}{K_m + [S]}$$

式中　v——反应速度（微摩尔浓度变化/min）；

$\quad$ V——最大反应速度（微摩尔浓度变化/min）；

$\quad$ $[S]$——底物浓度，mol/L；

$\quad$ K_m——米氏常数，mol/L。

这个方程表明当已知 K_m 及 V 时，酶促反应的速度与底物浓度之间的定量关系。K_m 值等于酶促反应速度达到最大反应速度一半时所对应的底物浓度，是酶的特征常数之一。不同的酶 K_m 值不同，同一种酶与不同底物反应 K_m 值可能不同，K_m 值一定程度上反映酶与底物的亲和力大小：K_m 值大，表明亲和力小；K_m 值小，表明亲和力大。测定酶促反应的 K_m 值是酶学研究的一个重要方法。多数酶的 K_m 值在 $0.01 \sim 100\text{mmol/L}$。

Linewaeaver – Burk 作图法（双倒数作图法）是用实验方法测 K_m 值的最常用的简便方法：

$$\frac{1}{v} = \frac{K_m}{V} \cdot \frac{1}{[S]} + \frac{1}{V}$$

于是实验时可选择不同的 $[S]$，测对应的 v；以 $1/v$ 对 $1/[S]$ 作图，得到一个斜率为 K_m/V 的直线。该直线截距的负倒数为 K_m 值。

本实验利用胰蛋白酶消化酪蛋白为例，采用 Linewaeaver – Burk 双倒数作图法测定 K_m 值。胰蛋白酶催化蛋白质中碱性氨基酸（L – 精氨酸和 L – 赖氨酸）的羧基所形成的肽键水解。水解时有自由氨基生成，可通过甲醛滴定法判断自由氨基增加的数量，从而跟踪反应过程，求得初速度。

三、实验仪器及试剂

1. 仪器

恒温水浴锅。

2. 试剂

（1）10～40g/L 酪蛋白溶液（pH8.5）　　分别取 10、20、30、40g 酪蛋白溶于约 900mL 水中，加 20mL 1mol/L NaOH 连续振荡，微热直至溶解，以 1mol/L HCl 或 1mol/L NaOH 调 pH 至 8.5，定容至 1L，即生成 4 种不同 $[S]$ 的酪蛋白标准溶液。

（2）中性甲醛溶液　　75mL 甲醛（A·R）加 15mL 0.25% 酚酞乙醇溶液，以 0.1mol/L NaOH 滴至微红，密闭于保存。

（3）0.25% 酚酞　　2.5g 酚酞溶于 50% 乙醇，定容至 1000mL。

（4）标准 0.1mol/L NaOH 溶液。

四、实验内容

（1）取 50mL 三角瓶 4 个，加入 5mL 甲醛与 1 滴酚酞，以 0.1mol/L 标准 NaOH 滴定至微红色，4 个瓶颜色应当一致，编号。

（2）量取 40g/L 酪蛋白 50mL，加入三角瓶，37℃ 保温 10min；同时胰蛋白酶液也在 37℃ 保温 10min，然后吸取 5mL 酶液加到酪蛋白液中（同时计时）。充分混合后立即取出 10mL 反应液（定为 0 时样品）加入一含甲醛的小三角瓶中

（1号），加 10 滴酚酞；以 0.1mol/L NaOH 滴定至微弱而持续的微红色。在接近终点时，按耗去的 NaOH 体积（mL），每毫升加 1 滴酚酞，再继续滴至终点，记下耗去的 0.1mol/L NaOH 的体积（mL）。

（3）在 2min、4min、6min 时，分别取出 10mL 反应液，加入 2 号、3 号、4 号小三角瓶，同上操作，记下耗去 NaOH 体积（mL）。

（4）以滴定度［即耗去的 NaOH 体积（mL）］对时间作图，得一直线，其斜率即初速度，为 V_{40}（相对于 40g/L 的酪蛋白浓度）。

（5）分别量取 30g/L、20g/L、10g/L 的酪蛋白溶液，重复上述操作，分别测出 V_{30}、V_{20}、V_{10}。

（6）利用上述结果，以 $1/v$ 对 $1/$［S］作图，即求出 V 与 K_m 值。

五、思考题

（1）测定酶的米氏常数 K_m 值有何实际应用价值？

（2）本实验为定量实验，在操作过程中应注意哪些环节和减少误差？

实验二十八

枯草杆菌蛋白酶活力测定

实验类型　综合性
教学时数　6

一、实验目的

学习测定蛋白酶活力的方法，掌握分光光度计的原理和使用方法。

二、实验原理

胰蛋白酶是一种水解酶，将酪蛋白水解成酪氨酸等物质。

所生成的酪氨酸能与酚试剂反应成蓝色物质。酚试剂又名 Folin 试剂，是磷钨酸和磷钼酸的混合物，在碱性条件下极不稳定，可被酚类化合物还原产生蓝色（钼蓝和钨蓝的混合物，680nm）。

用分光光度计可以定量比较颜色深浅，测定酪氨酸生成量，根据生成物的含量可以计算胰蛋白酶的活力。胰蛋白酶活力越高，生成的酪氨酸越多。

蛋白酶活力单位定义：在 30℃，pH7.5 的条件下，反应 8min，以每分钟水解酪蛋白产生 1μg 酪氨酸为 1U。

三、实验仪器与试剂

1. 仪器

试管、吸管、漏斗、恒温水浴、722 型分光光度计等。

2. 试剂

标准酪氨酸溶液（100μg/mL）、碳酸钠溶液（0.55mol/L）、酚试剂、酶液、10% 三氯乙酸。

四、实验内容

1. 绘制标准曲线

取试管 7 支，编号，按下表加入试剂。

编号	1	2	3	4	5	6	7
标准酪氨酸溶液（100μg/mL）/mL	0	0.1	0.2	0.3	0.4	0.5	0.6
蒸馏水/mL	1	0.9	0.8	0.7	0.6	0.5	0.4
碳酸钠溶液（0.55mol/L）/mL	5	5	5	5	5	5	5
酚试剂/mL	1	1	1	1	1	1	1

摇匀，置30℃恒温水溶液中显色15min。用分光光度计测定680nm的光吸引值。以光吸引值为纵坐标，以酪氨酸的浓度为横坐标，绘制标准曲线。

2. 酶活力测定

取酶液 1mL，在 30℃ 预热 5min，吸取 0.5% 酪蛋白溶液 2mL 置于试管中，在 30℃ 水浴中预热 5min 后加入的酶液 0.5mL，立即计时，反应 8min 后，由水浴取出，立即加入 10% 三氯乙酸溶液 3mL 放置 15min，用滤纸过滤。

同时另作一对照管，即取酶液 0.5mL 先加入 3mL 10% 的三氯乙酸溶液。摇匀，然后再加入 0.5% 酪蛋白溶液 2mL，30℃ 保温 8min，放置 15min，过滤。

取 3 支试管，编号，分别加入样品滤液、对照滤液和蒸馏水各 1mL，然后各加入 0.55mol/L 的碳酸钠溶液 5mL 混匀后再各加入酚试剂 1mL，立即混匀，在 30℃ 显色 15min。以加入的一管作空白，在 680nm 处测对照及样品的吸光度值。

	样品滤液	对照滤液	蒸馏水	Na_2CO_3溶液	酚试剂		A_{680nm}
1	1mL	—	—	5mL	1mL	30℃ 放置 15min	
2	—	1mL	—	5mL	1mL		
3	—	—	1mL	5mL	1mL		

五、实验结果与计算

1g 枯草杆菌蛋白酶在 30℃，pH7.5 的条件下所具有的活力单位为：

$$酶活力单位数(L/g) = (A_{样品} - A_{对照}) \times K \frac{V}{T} \times N$$

式中　$A_{样品}$——样品液的吸光度值；

$A_{对照}$——对照液的吸光度值；

K——标准曲线上 $A=1$ 时对应的酪氨酸的量，μg；

V——酶促反应液的体积，mL；

T——酶促反应时间，min；

N——酶溶液稀释倍数。

99

实验二十九

大蒜细胞 SOD 的提取与分离

实验类型　综合性
教学时数　6

一、实验目的

通过大蒜细胞 SOD 的提取与分离，学习和掌握作方法。蛋白质和酶的提取与分离的基本原理和操作。

二、实验原理

超氧化物歧化酶（SOD）是一种具有抗氧化、抗衰老、抗辐射和消炎作用的药用酶。它可催化超氧负离子进行歧化反应，生成氧和过氧化氢。大蒜蒜瓣和悬浮培养的大蒜细胞中含有较丰富的 SOD，通过组织或细胞破碎后，可用 pH7.8 磷酸缓冲液提取出。由于 SOD 不溶于丙酮，可用丙酮将其沉淀析出。

由于超氧自由基（O_2^-）为不稳定自由基，寿命极短，测定 SOD 活性一般为间接方法。并利用各种呈色反应来测定 SOD 的活力。核黄素在有氧条件下能产生超氧自由基负离子，当加入 NBT 后，在光照条件下，与超氧自由基反应生成单甲月替（黄色），继而还原生成二甲月替，它是一种蓝色物质，在一定波长下有最大吸收。当加入 SOD 时，可以使超氧自由基与 H^+ 结合生成 H_2O_2 和 O_2，从而抑制了 NBT 光还原的进行，使蓝色二甲月替生成速度减慢。通过在反应液中加入不同量的 SOD 酶液，光照一定时间后测定波长下各液光密度值，抑制 NBT 光还原相对百分率与酶活性在一定范围内呈正比，以酶液加入量为横坐标，以抑制 NBT 光还原相对百分率为纵坐标，在坐标纸上绘制出二者相关曲线，根据 SOD 抑制 NBT 光还原相对百分率计算酶活性。找出 SOD 抑制 NBT 光还原相对百分率为 50% 时的酶量作为一个酶活力单位（U）。

三、实验仪器与试剂

1. 材料

新鲜蒜瓣。

2. 仪器

恒温水浴锅、冷冻高速离心机、可见分光光度计、研钵、玻棒、烧杯、量筒。

3. 试剂

0.05mol/L 磷酸缓冲液（pH7.8）、氯仿 – 乙醇混合液（氯仿：无水乙醇 = 3：5）、丙酮（用前需预冷至 4 ~ 10℃）、0.05mol/L 碳酸盐缓冲液（pH10.2）、0.1mol/L EDTA 溶液、2mmol/L 肾上腺素溶液。

四、实验内容

1. 组织细胞破碎

称取 5g 大蒜蒜瓣，置于研钵中研磨。

2. SOD 的提取

破碎后的组织中加入 2 ~ 3 倍体积的 0.05mol/L 磷酸缓冲液（pH7.8），继续研磨 20min，使 SOD 充分溶解到缓冲液中，然后在 5000r/min 下离心 15min，取上清液。

3. 除杂蛋白

上清液加入 0.25 体积的氯仿 – 乙醇混合液搅拌 15min，5000r/min 离心 15min，得到的上清液为粗酶液。

4. SOD 的沉淀分离

粗酶液中加入等体积的冷丙酮，搅拌 15min，5000r/min 离心 15min，得 SOD 沉淀。将 SOD 沉淀溶于 0.05mol/L 磷酸缓冲液（pH7.8）中，于 55 ~ 60℃ 热处理 15min，得到 SOD 酶液。

5. SOD 活力测定

将上述提取液、粗酶液和酶液分别取样，测定各自的 SOD 活力。

试剂	空白管	对照管	样品管
碳酸缓冲液/mL	5.0	5.0	5.0
EDTA 溶液/mL	0.5	0.5	0.5
蒸馏水/mL	0.5	0.5	—
样品液/mL	—	—	0.5
混合均匀			
肾上腺素液/mL	—	0.5	0.5

加入肾上腺素后，继续保温 2min，然后立即在 480nm 处测定光密度。对照管和样品管的光密度值分别为 A 和 B。

在上述条件下，SOD 抑制肾上腺素自氧化 50% 所需的酶量定义为一个酶活力单位。即：

$$酶活力（单位）= 2(A - B)N/A$$

式中　N——样品稀释倍数；

　　　2——抑制肾上腺素自氧化 50% 的换算系数。

五、实验结果与计算

根据提取液、粗酶液和酶液的酶活力和体积，计算纯化提取率。

实 验 三 十

还原性维生素 C 的定量测定

实验类型　验证性
教学时数　3

操作视频

一、实验目的

掌握 2,6 – 二氯酚靛酚滴定法测定维生素 C 的原理和方法。

二、实验原理

维生素 C 具有很强的还原性，还原型抗坏血酸能还原染料 2,6 – 二氯酚靛酚钠盐，本身则氧化成脱氢抗坏血酸。在酸性溶液中，2,6 – 二氯酚靛酚呈红色，被还原后变为无色。

因此，可用 2,6 – 二氯酚靛酚滴定样品中的还原型抗坏血酸。当抗坏血酸全部被氧化后，稍多加一些染料，使滴定液呈淡红色，即为终点。如无其他杂质干扰，样品提取液所还原的标准染料量与样品中所含的还原型抗坏血酸量呈正比。

三、实验仪器与试剂

1. 材料

新鲜蔬菜水果。

2. 仪器

研钵、天平、容量瓶（50mL）、量筒、刻度吸管、锥形瓶（50mL）、微量滴定管、漏斗、新鲜蔬菜或新鲜水果、滤纸、离心机。

3. 试剂

2% 草酸溶液、标准维生素 C 溶液、0.02% 2,6 – 二氯酚靛酚溶液。

四、实验内容

1. 提取

称取新鲜样品约 4g，置于研钵中，加入 5mL 2% 草酸溶液研磨成浆状，残渣再次研磨，一同转入 50mL 容量瓶中，草酸总量为 35mL，加水定容。

2. 过滤

提取液充分混匀后，离心，过滤。

3. 样品滴定

准确吸取滤液 5mL 于 50mL 的锥形瓶中，立即用标定过的 2,6 – 二氯酚靛酚溶液滴定至终点，粉红色，15s 不褪色。记录所用染料的体积（重复测定 2~3 次）。

4. 空白滴定

准确量取 35mL 2% 的草酸，放入 50mL 容量瓶中，加水定容。准确吸 5mL 于 50mL 的锥形瓶中，立即用 2,6 - 二氯酚靛酚溶液滴定至终点，粉红色，15s 不褪色。记录所用染料的体积（重复测定 2~3 次）。

5. 计算

由标准液滴定数据求出 1mL 染料相当于多少毫克抗坏血酸：

$$T = 0.1mg/0.26mL = 0.385mg/mL$$

计算每 100g 样品中含抗坏血酸的质量：

$$m = \frac{VT}{m_0} \times 100$$

式中 V——滴定时所用去染料的体积数，mL；

m_0——10mL 样液相当于含样品的质量，mg。

6. 标定 2,6 - 二氯酚靛酚

取维生素 C 标准液 5mL 及 1% 草酸溶液 5mL 于 50mL 的锥形瓶中，用配制好的 2,6 - 二氯酚靛酚溶液标定。

实验三十一

发酵过程中无机磷的应用

实验类型　综合性
教学时数　6

一、实验目的

了解发酵过程中无机磷的作用，掌握定磷法的原理和操作技术。

二、实验原理

酵母能使蔗糖和葡萄糖发酵产生乙醇和二氧化碳。此过程与无机磷将糖磷酸化有关。本实验利用无机磷与钼酸形成的磷钼酸络合物能被还原剂 $\alpha-1,2,4-$ 氨基萘酚磺酸钠还原成钼蓝的原理来测定发酵前后反应混合物中无机磷的含量，用以观察发酵过程中无机磷的消耗。

三、实验仪器与试剂

1. 材料

新鲜啤酒酵母。

2. 仪器

试管，移液管（0.2mL，0.5mL，1mL，5mL），锥形瓶，水浴锅，研钵，滤纸，分光光度计。

3. 试剂

（1）蔗糖、5% 三氯乙酸、3mol/L 硫酸、2.5% 钼酸铵等体积混合液。

（2）磷酸盐溶液：称取 $Na_2HPO_4 \cdot 12H_2O$ 120.7g（或 $Na_2HPO_4 \cdot 2H_2O$ 60g）和 KH_2PO_4 20g 溶解于蒸馏水中，定容至 1000mL，在冰箱中贮存备用。临用前稀释适当倍数。

（3）标准磷酸盐溶液：将磷酸二氢钾（KH_2PO_4）在 110℃ 烘箱中烘干 2h，冷却后准确称取 0.1098g，用蒸馏水溶解，定容到 1000mL，成为每毫升溶液含 25μg 无机磷的标准磷酸盐溶液。

（4）$\alpha-1,2,4-$ 氨基萘酚磺酸溶液：将 0.25g $\alpha-1,2,4-$ 氨基萘酚磺酸，15g 亚硫酸氢钠及 0.5g 亚硫酸钠溶于 100mL 蒸馏水中。使用前稀释三倍。

四、实验内容

1. 制作标准曲线

取 9 支试管编号后，按下表顺序加入试剂：

试剂	0	1	2	3	4	5
标准磷酸盐溶液/mL	0	0.2	0.4	0.6	0.8	1.0
含磷量/μg	0	5	10	15	20	25
蒸馏水/mL	3.0	2.8	2.6	2.4	2.2	2.0
钼铵酸－硫酸混合液/mL	2.5	2.5	2.5	2.5	2.5	2.5
α－1,2,4－氨基萘酚磺酸钠溶液/mL	0.5	0.5	0.5	0.5	0.5	0.5
充分混匀后，37℃水浴保温 10min						
A_{600nm}						

绘制标准曲线：以 A_{600nm} 为纵坐标，含磷量为横坐标，在坐标纸上绘制标准曲线。

2. 酵母发酵

称取 2～4g 新鲜酵母和 1g 蔗糖，放入研钵内仔细研碎。加入 5mL 蒸馏水和 5mL 磷酸盐溶液研磨均匀。将匀浆转移至 50mL 锥形瓶中并立即取出 0.5mL 均匀的悬浮液，加入到已盛有 3.5mL 三氯乙酸溶液的试管中，摇匀作为试样 1。将锥形瓶放入 37℃恒温水浴中，每隔 30min 取出 0.5mL 悬浮液，立即加入已盛有 3.5mL 三氯乙酸溶液的试管中，摇匀。共取三次，作为试样 2，3，4。将每个试样过滤后，得无蛋白滤液备用。

3. 无机磷的测定

取 5 支干燥洁净的试管，编号后按下表加入各种溶液：

试剂	1	2	3	4	5
发酵时间/min	0	30	60	90	—
无蛋白滤液/mL	0.1	0.1	0.1	0.1	—
蒸馏水/mL	2.9	2.9	2.9	2.9	2.9
钼铵酸－硫酸混合液/mL	2.5	2.5	2.5	2.5	2.5
α－1,2,4－氨基萘酚磺酸钠溶液/mL	0.5	0.5	0.5	0.5	0.5
充分混匀后，37℃水浴保温 10min					
A_{660nm}					

从标准曲线上查处各试样的无机磷含量，以试样 1 的无机磷含量为 100%，计算酵母发酵 30、60 和 90min 后消耗无机磷的相对质量分数。

实验三十二

糖酵解中间产物的鉴定

实验类型 综合性
教学时数 3

一、实验目的

（1）通过本实验对糖酵解过程进一步加深理解。

（2）初步了解碘乙酸对酶的抑制作用。

（3）通过碘乙酸和硫酸肼的作用，了解使中间产物堆积的方法在研究中间代谢的意义。

二、实验原理

利用碘乙酸对糖酵解过程中 3 - 磷酸甘油醛脱氢酶的抑制作用，使 3 - 磷激甘油醛不再向前变化而积累。硫酸肼作为稳定剂，用来保护 3 - 磷酸甘油醛使不自发分解。然后用 2,4 - 二硝基苯肼与 3 - 磷酸甘油醛在碱性条件下形成 2,4 - 二硝基苯肼 - 丙糖的棕色复合物，其棕色程度与 3 - 磷酸甘油醛含量呈正比。

三、实验仪器与试剂

1. 材料

新鲜酵母。

2. 仪器

恒温水浴锅、离心机、电子天平、试管、移液管、玻璃棒。

3. 试剂

2,4 - 二硝基苯肼溶液，0.56mol/L 硫酸肼溶液，5% 葡萄糖溶液，10% 三氯乙酸溶液，0.75mol/L NaOH 溶液，0.002mol/L 碘乙酸溶液。

四、实验内容

1. 发酵过程观察

取干燥试管 3 支，编号 1~3，分别加入 0.2g 酵母，再按下表所示加入试剂。

试剂	1	2	3
10% 三氯乙酸/mL	1	0	0
0.002mol/L 碘乙酸/mL	0.5	0.5	0
0.56mol/L 硫酸肼/mL	0.5	0.5	0
5% 葡萄糖/mL	5	5	5
37℃保温 45min，观察气泡多少，并记录			

加完葡萄糖后每支试管立刻分别插入玻璃棒 1 支，搅拌均匀，玻璃棒留在试管中，在 37℃保温时用留在试管中的玻璃棒间断搅拌 1~2 次。

2. 终止发酵和补加试剂

37℃保温 45min 后，按下表所示添加试剂。

试剂	1	2	3
10% 三氯乙酸/mL	0	1	1
0.002mol/L 碘乙酸/mL	0	0	0.5
0.56mol/L 硫酸肼/mL	0	0	0.5

加完试剂后，立刻用原来留在试管中的玻璃棒搅拌，这时发酵终止，取出玻璃棒。

3. 发酵液过滤

上述 3 支试管分别过滤，取滤液用于显色鉴定。

4. 显色鉴定

取 3 支试管，按下表所列顺序加入试剂，观察各管颜色的深浅，记录。

试剂	1	2	3
过滤液/mL	0.5	0.5	0.5
0.75mol/L NaOH/mL	0.5	0.5	0.5
室温放置 5min			
2,4-二硝基苯肼/mL	0.5	0.5	0.5
0.75mol/L NaOH/mL	3.5	3.5	3.5
观察颜色深浅，并记录			

五、思考题

实验中哪一发酵管生成的气泡最多？哪一管最后生成的颜色最深？为什么？

实验三十三

肌糖原的酵解作用

实验类型　综合性
教学时数　3

一、实验目的

（1）学习鉴定糖酵解作用的原理和方法。

（2）了解酵解作用在糖代谢过程中的地位及生理意义。

二、实验原理

在动物、植物、微生物等许多生物机体内，糖的无氧分解几乎都按完全相同的过程进行。以动物肌肉组织中肌糖原的酵解过程为例：肌糖原的酵解作用，即肌糖原在缺氧的条件下，经过一系列的酶促反应，最后转变成乳酸的过程。肌肉组织中的肌糖原首先磷酸化，经过己糖磷酸酯、丙糖磷酸酯、甘油磷酸酯、丙酮酸等一系列中间产物，最后生成乳酸。该过程可综合在下列反应式：

$$(1/n)\ (C_6H_{10}O_5)_n + H_2O \longrightarrow 2CH_3CHOHCOOH$$
$$\text{糖原} \qquad\qquad\qquad \text{乳酸}$$

糖原酵解作用的实验，一般使用肌肉糜或肌肉提取液。在用肌肉糜时，必须在无氧条件下进行；而用肌肉提取液，则可在有氧条件下进行。因为催化酵解作用的酶系统全部存在于肌肉提取液中，而催化呼吸作用（即三羧酸循环和氧化呼吸链）的酶系统，则集中在线粒体中，糖原可用淀粉代替。

糖原或淀粉的酵解作用，可由乳酸的生成来观察。在除去蛋白质与糖后，乳酸可以与硫酸共热变成乙醛，后者再与对羟基联苯反应生成紫罗兰色物质，根据颜色的显现加以鉴定。该法比较灵敏，每毫升溶液含 $1 \sim 5\mu g$ 乳酸即产生明显的颜色反应。若有大量糖类和蛋白质等杂质存在，则严重干扰测定结果，因此实验中应尽量除尽这些物质。另外，测定时所用的仪器应严格地洗涤干净。

三、实验仪器与试剂

1. 材料

家兔或大白鼠的肌肉糜。

2. 仪器

电子天平、恒温水浴锅、试管及试管架、剪刀、镊子、移液管、滴管、玻璃棒、漏斗、滤纸、量筒。

3. 试剂

1/15mol/L pH7.4 磷酸缓冲液，0.5% 淀粉溶液，液体石蜡，$CuSO_4$ 饱和溶液，$Ca(OH)_2$ 粉末，20% 三氯乙酸溶液，浓硫酸，对羟基联苯试剂。

四、实验内容

1. 肌肉糜的制备

将家兔或大白鼠杀死后，立即剥皮，割取背部和腿部肌肉，在低温条件下用剪刀尽量把肌肉剪碎即成肌肉糜，低温保存备用（临用前制备）。

2. 肌肉糜的糖酵解

取 4 支试管，编号后各加入新鲜肌肉糜 0.5g。1、2 号管为样品管，3、4 号管为空白管。向 3、4 号空白管内加入 3mL 20% 三氯乙酸，用玻璃棒将肌肉糜充分打散，搅匀，以沉淀蛋白质和终止酶的反应。然后分别向 4 支试管内加入 3mL 磷酸缓冲液和 1mL 0.5% 淀粉溶液。用玻璃棒充分搅匀，再分别加入少许液体石蜡以隔绝空气（试管的 3~5mm 高度），并将 4 支试管同时放入 37℃ 恒温水浴中保温。

1h 后，取出试管，吸出石蜡，立即向 1、2 号试管内各加入 4mL 20% 三氯乙酸，充分混匀。然后向每管内加入 1mL 饱和 $CuSO_4$ 溶液，混匀，再加入 0.4g $Ca(OH)_2$ 粉末，充分搅匀 2min，放置 10min，使糖沉淀完全后，过滤，保留滤液。

3. 乳酸的测定

取 4 支洁净、干燥试管，编号，各加入 2mL 浓硫酸，将试管置于冰浴中冷却。分别取每个样品的滤液 2 滴，逐滴加入到已冷却的上述浓硫酸溶液中，边加边摇动冰浴中的试管，避免试管内的溶液局部过热，应注意冷却。

将每个试管混合均匀后，放入沸水浴中煮沸 5min。冷却后，再加入对羟联苯试剂 2 滴，勿将对羟基联苯试剂滴到试管壁上，混匀，比较和记录各管溶液的颜色深浅，并加以解释。

试剂	样品		空白	
	1	2	3	4
肌肉糜/g	0.5			
20% 三氯乙酸/mL	—	—	3	3
磷酸缓冲液/mL	3			
0.5% 淀粉溶液/mL	1			
液体石蜡	充分搅拌，加液体石蜡封口，37℃ 水浴 1h，后吸出石蜡			
20% 三氯乙酸/mL	4	4	—	—

续表

试剂	样品		空白	
	1	2	3	4
饱和 $CuSO_4$ 溶液/mL	1			
$Ca(OH)_2$ 粉末	分别加 0.4g，充分搅拌，分别过滤			

五、思考题

（1）本实验要在 37℃ 保温前不加液体石蜡是否可以？为什么？

（2）在本实验中，怎样做才能尽可能减小误差得出理想的结果？

实验三十四

脂肪酸的 β – 氧化

实验类型　综合性
教学时数　3

一、实验目的

（1）了解脂肪酸的 β – 氧化作用。

（2）掌握测定 β – 氧化作用的原理和方法。

二、实验原理

在肝脏中，脂肪酸经 β – 氧化的作用生成乙酰辅酶 A（乙酰 CoA），两分子的乙酰 CoA 可缩合生成乙酰乙酸。乙酰乙酸可进一步脱羧生成丙酮，也可还原

生成 β - 羟丁酸。乙酰乙酸，β - 羟丁酸和丙酮总称为酮体。肝脏不能利用酮体，必须经血液运至肝外组织特别是肌肉和肾脏，再转变为乙酰 CoA 而被氧化利用。酮体作为有机体代谢的中间产物，在正常的情况下，其产量甚微，患糖尿病或食用高脂肪膳食时，血中酮体含量增高，尿中也会出现酮体。

本实验以丁酸为底物，用新鲜肝糜与之保温，反应过程如下：

丙酮可利用碘仿反应测定，反应式如下：

$$2NaOH + I_2 \longrightarrow NaOI + NaI + H_2O$$

$$CH_3COCH_3 + 3NaOI \longrightarrow CHI_3（碘仿）+ CH_3COONa + 2NaOH$$

剩余的碘可用标准 $Na_2S_2O_3$ 滴定：

$$NaOI + NaI + 2HCl \longrightarrow I_2 + 2NaCl + H_2O$$

$$I_2 + 2Na_2S_2O_3 \longrightarrow Na_2S_4O_6 + 2NaI$$

根据滴定样品与滴定对照所消耗的 $Na_2S_2O_3$ 溶液的体积之差，可以计算由丁酸氧化生成丙酮的量。

三、实验仪器与试剂

1. 材料

新鲜动物肝脏。

2. 仪器

匀浆器或研钵、恒温水浴锅、试管和试管架、剪刀、镊子锥形瓶 50mL、移液管（5mL，10mL）。

3. 试剂

0.5% 淀粉溶液、0.9% 氯化钠溶液、1/15mol/L pH7.6 磷酸缓冲液、0.5mol/L 丁酸溶液、15% 三氯乙酸溶液、10% 盐酸溶液、0.1mol/L 碘溶液、标准 0.05mol/L $Na_2S_2O_3$ 溶液。

四、实验内容

1. 肝糜的制备

将家兔或大白鼠放血处死，取出肝脏。用 0.9% NaCl 溶液洗去表面的污血后，用滤纸吸去表面的水分，称取肝组织 5g，置于研钵中加入少许 0.9% NaCl 溶液，将肝组织研磨成肝匀浆。再加入 0.9% NaCl 溶液至总体积达 10mL，低温保存备用（临用前制备）。

2. 酮体的生成

（1）取 50mL 锥形瓶 2 只，按下表编号后，分别加入各试剂：

试剂/mL	pH7.6 磷酸缓冲液	0.5mol/L 正丁酸溶液	H_2O	肝糜
1	3.0	2.0	—	2.0
2	3.0	—	2.0	2.0

（2）将加入试剂的 1、2 锥形瓶摇匀，至于 43℃ 恒温水浴锅中保温 40min 后取出。

（3）于上述锥形瓶中分别加入 3mL 15% 三氯乙酸溶液，在对照瓶中追加 2mL 正丁酸，摇匀，室温放置 15min 后过滤，收集滤液。

3. 酮体的测定

（1）另取 2 只 50mL 锥形瓶，按下表编号后加入有关试剂。加完试剂后摇匀，放置 10min。

试剂/mL	滤液1	滤液2	H_2O	0.1mol/L 碘溶液	10% NaOH 溶液
Ⅰ（实验）	2.0	—	—	3.0	3.0
Ⅱ（对照）	—	2.0	—	3.0	3.0

（2）于各锥形瓶中滴加 3mL 10% HCl 溶液，用标准 0.05mol/L $Na_2S_2O_3$ 溶液滴定剩余的碘。滴定至浅黄色时，加入 3 滴 0.5% 淀粉液作指示剂。摇匀并继续

滴到蓝色消失。记录滴定样品和对照所用的 $Na_2S_2O_3$ 溶液的体积，并计算样品中的丙酮含量。

五、实验结果与计算

$$实验中肝糜催化生成的丙酮量(mmol/g) = (B - A) \times C \times 1/6$$

式中　A——滴定实验管所消耗的 $0.01mol/L$ $Na_2S_2O_3$ 溶液的体积，mL；

　　　B——滴定对照管所消耗的 $0.01mol/L$ $Na_2S_2O_3$ 溶液的体积，mL；

　　　C——标准 $Na_2S_2O_3$ 溶液的浓度，mol/L。

六、思考题

（1）什么是酮体？本实验如何计算样品中丙酮的含量？

（2）为什么可以通过测丙酮的量来推算出细胞脂肪酸 β - 氧化作用的强弱？

（3）本实验为什么选用肝组织？选用其他组织是否可以？为什么？

实验三十五

血液中转氨酶活力的测定

实验类型　综合性
教学时数　3

一、实验目的

（1）了解转氨酶的性质及临床意义。

（2）掌握谷丙转氨酶活力的测定方法。

二、实验原理

生物体内广泛存在的氨基转移酶也称转氨酶，能催化 α–氨基酸的 α–氨基与 α–酮酸的 α–酮基互换，在氨基酸的合成和分解，尿素和嘌呤的合成等中间代谢过程中有重要作用。转氨酶的最适 pH 接近 7.4，它的种类甚多，其中以谷氨酸–草酰乙酸转氨酶（简称谷草转氨酶）和谷氨酸–丙酮酸转氨酶（简称谷丙转氨酶）的活力最强。此过程可用下式表示：

L–丙氨酸   α–酮戊二酸   α–丙酮酸   L–谷氨酸

在谷丙转氨酶的催化下，丙氨酸和 α–酮戊二酸作用生成丙酮酸和谷氨酸。此反应可逆，平衡点近于 1。无论正向反应或逆向反应皆可用于测定此酶的活性，既可测定所产生的氨基酸，也可测定生成的 α–酮酸，因此可有多种测定方法。

本实验以丙氨酸及 α–酮戊二酸作为谷丙转氨酶（GPT 或 ALT）作用的底物，利用内源性磷酸吡哆醛作辅酶，在一定条件及时间作用后测定所生成的丙酮酸的量来确定其酶活力。丙酮酸能与 2,4–二硝基苯肼结合，生成丙酮酸–2,4–二硝基苯腙，后者在碱性溶液中呈现棕色，其吸收光谱的峰为 439～530nm，可用于测定丙酮酸含量。

α–酮酸   2,4二硝基苯肼   丙酮酸二硝基苯腙（黄色）   苯腙硝醌化合物（红棕色）

$\alpha-$ 酮戊二酸也能与 2,4 - 二硝基苯肼结合，生成相应的苯腙，但后者在碱性溶液中吸收光谱与丙酸酮二硝基苯稍有差别，在 520m 波长比色时，$\alpha-$ 酮戊二酸二硝基苯腙的吸光度远较丙酮酸二硝基苯腙为低（约相差 3 倍）。经转氨基作用后，$\alpha-$ 酮戊二酸减少而丙酮酸增加，因此在波长 520m 处吸光度增加的程度与反应体系中丙酮酸与 $\alpha-$ 酮戊二酸的摩尔比基本上呈线性关系，故可测定谷丙转氨酶的活力。

三、实验仪器与试剂

1. 材料

人血清。

2. 仪器

722 型（或 7220 型）分光光度计、试管、移液器。

3. 试剂

谷丙转氨酶基质液（pH7.4）、2,4 - 二硝基苯肼液、4mol/L NaOH 溶液、2μmol/mL 丙酮酸钠标准液、pH7.4 磷酸盐缓冲液。

四、实验内容

（1）取试管 6 支，按下表进行操作。用丙酮酸物质的量（μmol）为横坐标，光吸收值 A_{505nm} 为纵坐标，画出标准曲线。

试剂	0	1	2	3	4	5
pH7.4 磷酸盐缓冲液/mL	0.10	0.10	0.10	0.10	0.10	0.10
丙酮酸钠标准液/mL	0	0.05	0.10	0.15	0.20	0.25
谷丙转氨酶基质液/mL	0.5	0.45	0.40	0.35	0.30	0.25
2,4 - 二硝基苯肼液/mL	0.50	0.50	0.50	0.50	0.50	0.50
	混匀后，37℃水浴 20min					
0.4mol/L NaOH 溶液/mL	5.0	5.0	5.0	5.0	5.0	5.0
	混匀后，室温放置 10min，以 0 号管作空白，在 505nm 比色					
丙酮酸的物质的量（横坐标）/μmol	0	0.1	0.2	0.3	0.4	0.5
A_{505nm}（纵坐标）						

（2）另取 2 支试管，按下表进行操作。

试剂	1（测定管）	2（对照管）
血清/mL	0.1	—
基质液/mL，37℃预温 5min	0.5	0.5
混匀后，37℃水浴 20min		
2,4-二硝基苯肼液/mL	0.5	0.5
人血清/mL	—	0.1
0.4mol/L NaOH 溶液/mL	5	5
混匀后，室温放置 10min，以 2 号管作空白，在 505nm 比色		
A_{505nm}		0

在标准曲线上查出丙酮酸的 μmol 数（用 1μmol 丙酮酸代表 1.0 单位酶活力），计算每 100mL 血清中转氨酶的活力单位数。

五、思考题

转氨酶在代谢过程中的重要作用及在临床诊断中的意义？

Part 3 第三部分
设计性实验

实　验　一

果蔬中有机酸的定量测定与分析

课题设计

　　水果中含有丰富的有机酸，如苹果酸、柠檬酸、琥珀酸、酒石酸、草酸等，它们是果实中主要的风味营养物质，可软化血管，促进钙、铁元素的吸收，能刺激消化腺的分泌活动，有增进食欲、帮助消化及止渴解暑的功能，是果品成熟度、储藏性以及加工性的重要依据。由于有机酸种类较多，易溶于水或乙醇，难溶于其他的有机溶剂。目前，关于有机酸的提取和检测方法较多，如滴定法、分光光度法、液相色谱法、气相色谱法、离子色谱法等。

实　验　二

真菌多糖的提取纯化与药用研究

课题设计

　　多糖（polysaccharides）又称多聚糖，广泛存在于自然界中，是含量最丰富的生物聚合物，也是构成生命活动的四大基本物质之一。大量文献表明，多糖不仅作为能量资源或结构材料，且参与了生命科学中细胞的各种活动，具有多种多样的生物学功能和装载丰富生物信息的能力。多糖作为食药用菌的主要有效成分，具有的抗肿瘤、抗病毒、增强免疫、降低血糖、抗衰老、抗辐射等功效，越来越受到人们的关注。食药用菌生产技术水平不断发展，食药用菌多糖的提取工艺不断优化，传统的水提醇析法、盐析法等由于提取效率低，产品纯化困难等限制因素已得不到更深层次的应用。而新兴的现代提取分离技术，如超声波法、酶解法、超滤法、透析法、色谱法等已越来越受到研究工作者的重视，有些技术已经运用于实际生产中。

实 验 三

血清中免疫球蛋白的分离纯化与鉴定

课题设计

免疫球蛋白是具有抗体活性的，能与相应的抗原发生特异性结合反应的球蛋白，是脊椎动物在对抗原刺激的免疫应答中，由淋巴细胞产生的，普遍存在于哺乳动物的血液、组织液、淋巴液和体外分泌液中的一类蛋白质。

免疫球蛋白主要来源于动物血液、初乳和蛋黄。但无论是卵黄中的，还是初乳中的，都是免疫细胞分泌产生的，由血液中转移过去的。动物血液中抗体含量高，来源丰富且价格便宜，是一种很好的制备免疫球蛋白的原材料。根据蛋白质的分子大小、电荷多少、溶解度以及免疫学特征等，从血液中提取免疫球蛋白，常用的有盐析法（如多聚磷酸钠絮凝法、硫酸铵盐析法）、有机溶剂沉淀法（如冷乙醇分离法）、有机聚合物沉淀法、变性沉淀法等。曾用于大规模生产的方法主要有：冷乙醇分离法、盐析法、利凡诺法和柱层析法等，应用较多的为硫酸铵盐法和冷乙醇分离法。

实 验 四

动物组织核酸的分离与鉴定

课题设计

    细胞内的核酸包括 DNA 与 RNA 两种分子，均与蛋白质结合成核蛋白。DNA 与蛋白质结合成脱氧核糖核蛋白（DNP），RNA 与蛋白质结合成核糖核蛋白（RNP）。其中真核生物的 DNA 又有染色体 DNA 与细胞器 DNA 之分。前者位于细胞核内，约占 95%，为双链线性分子；后者存在于线粒体或叶绿体等细胞器内，约占 5%，为双链环状分子。除此之外，在原核生物中还有双链环状的质粒 DNA；在非细胞型的病毒颗粒内，DNA 的存在形式多种多样，有双链环状、单链环状、双链线状和单链线状之分。DNA 分子的总长度在不同生物间差异很大，一般随生物的进化程度而增长。如人的 DNA 大约由 3.0×10^9 个碱基对（base pair，bp）组成，与 5243bp 的猿猴病毒（simian virus 40，SV40）相比，其长度约为后者的 5.7×10^5 倍。相对来讲，RNA 分子比 DNA 分子要小得多。由于 RNA 的功能是多样性的，RNA 的种类、大小和结构都较 DNA 多样化。DNA 与 RNA 性质上的差异决定了两者的最适分离与纯化的条件是不一样的。

    临床常见的标本有血液、尿液、唾液、组织及培养细胞等；核酸分离与纯化的方法非常多，如何恰当地收集与准备材料，选择适宜的分离与纯化方法是一个首要的问题。首先我们应当明确核酸的分离与纯化并不是最终的目的，不同的实验研究与应用对核酸的产量、完整性、纯度和浓度可能有不同的要求；至于分离与纯化核酸所需的时间与成本也往往需要考虑；在不影响核酸质量的情况下，应选择安全无毒的试剂与方案。近年来，有关试剂盒的开发与自动化仪器的使用，能批量制备核酸样品，大大提高了分离与纯化的效率。

实 验 五
蔗糖酶的分离纯化及活力测定

课题设计

　　酶的分离纯化工作，是酶学研究的基础。一个特定酶的提纯往往需要通过许多次小实验进行摸索，很少有通用的规律可循。酶的纯化过程与一般的蛋白质纯化过程相比，又有其本身独有的特点：一是酶一般取自生物细胞，而特定的一种酶在细胞中的含量很少；二是酶可以通过测定活力的方法加以跟踪，前者给纯化带来了困难，而后者却能使我们迅速找出纯化过程的关键所在。

　　蔗糖酶（β – D – 呋喃型果糖苷 – 果糖水解酶 EC 3.2.1.26）是一种水解酶。它能催化非还原性双糖（蔗糖）的 1,2 – 糖苷键裂解，将蔗糖水解为等量的葡萄糖和果糖。在微生物中，酵母中的含量很丰富。在研究中用的最多的是面包酵母和啤酒酵母。

附 录 一

实验室规则

（1）每位同学应自觉遵守课堂纪律，维护课堂秩序，不迟到，不早退，不大声谈笑。

（2）实验前须认真预习，熟悉实验目的、原理、操作步骤，懂得每一操作步骤的意义，并了解所用仪器的使用方法，否则不能开始实验。

（3）实验过程中要听从教师的指导，严肃认真地按照操作规程进行实验，并把实验结果和数据及时、如实记录在实验记录本上，文字要简练、准确。完成实验后经教师检查同意，方可离开实验室。

（4）实验台面应随时保持整洁，仪器、药品摆放整齐。公用试剂用完后，应立即盖严放回原处。勿将试剂、药品洒在实验台面和地上。实验完毕，仪器洗净放好，将实验台面擦拭干净，才能离开实验室。

（5）使用仪器、药品、试剂和各物品必须注意节约，洗涤和使用仪器时，应小心仔细，防止损坏仪器；使用贵重精密仪器时，应严格遵守操作规程，发现故障须立即报告教师，不得擅自动手检修。

（6）实验室内严禁吸烟！加热用的电炉应随用随关，严格做到：人在炉火在，人走炉火关。乙醇、丙酮、乙醚等易燃品不能直接加热，并要远离火源操作和放置。实验完毕后应立即给电炉断电，关好水龙头并拉下电闸。离开实验室前应认真、负责地检查水电，防止发生安全事故。

（7）废液咨询老师处理方式，不可随意倾倒。强酸、强碱溶液必须先用水稀释。废纸屑及其他固体废物倒入废品缸内，不可倒入水槽或到处乱扔。

（8）要精心使用和爱护仪器。仪器损坏时，应如实向教师报告，并填写损坏仪器登记表，然后补领。

（9）实验室内一切物品，未经本室负责教师批准，严禁带出室外，借物必须办理登记手续。

（10）每次实验课由班长或课代表负责安排值日生。值日生的职责是负责当天实验室的卫生、安全、组织同学填写实验室登记本等一切服务性的工作。

附 录 二

实验室常用标准缓冲液的配制

1. 甘氨酸－盐酸缓冲液（0.05mol/L）

XmL 0.2mol/L 甘氨酸 + YmL 0.2mol/L HCl，再加水稀释至 200mL。

pH	X	Y	pH	X	Y
2.2	50	44.0	3.0	50	11.4
2.4	50	32.4	3.2	50	8.2
2.6	50	24.2	3.4	50	6.4
2.8	50	16.8	3.6	50	5.0

甘氨酸相对分子质量 = 75.07，0.2mol/L 甘氨酸溶液含 15.01g/L。

2. 邻苯二甲酸－盐酸缓冲液（0.05mol/L）

XmL 0.2mol/L 邻苯二甲酸氢钾 + YmL 0.2mol/L HCl，再加水稀释至 20mL。

pH（20℃）	X	Y	pH（20℃）	X	Y
2.2	5	4.070	3.2	5	1.470
2.4	5	3.960	3.4	5	0.990
2.6	5	3.295	3.6	5	0.597
2.8	5	2.642	3.8	5	0.263
3.0	5	2.022			

邻苯二甲酸氢钾相对分子质量 = 204.23，0.2mol/L 邻苯二甲酸氢钾溶液含 40.85g/L。

3. 磷酸氢二钠 - 柠檬酸缓冲液

pH	0.2mol/L Na$_2$HPO$_4$/mL	0.1mol/L 柠檬酸/mL	pH	0.2mol/L Na$_2$HPO$_4$/mL	0.1mol/L 柠檬酸/mL
2.2	0.40	10.60	5.2	10.72	9.28
2.4	1.24	18.76	5.4	11.15	8.85
2.6	2.18	17.82	5.6	11.60	8.40
2.8	3.17	16.83	5.8	12.09	7.91
3.0	4.11	15.89	6.0	12.63	7.37
3.2	4.94	15.06	6.2	13.22	6.78
3.4	5.70	14.30	6.4	13.85	6.15
3.6	6.44	13.56	6.6	14.55	5.45
3.8	7.10	12.90	6.8	15.45	4.55
4.0	7.71	12.29	7.0	16.47	3.53
4.2	8.28	11.72	7.2	17.39	2.61
4.4	8.82	11.18	7.4	18.17	1.83
4.6	9.35	10.65	7.6	18.73	1.27
4.8	9.86	10.14	7.8	19.15	0.85
5.0	10.30	9.70	8.0	19.45	0.55

Na$_2$HPO$_4$相对分子质量 = 141.98，0.2mol/L Na$_2$HPO$_4$溶液含 28.40g/L。

Na$_2$HPO$_4$·2H$_2$O 相对分子质量 = 178.05，0.2mol/L 溶液含 35.61g/L。

C$_4$H$_2$O$_7$·2H$_2$O 相对分子质量 = 210.14，0.2mol/L 溶液含 21.01g/L。

4. 柠檬酸 - 氢氧化钠 - 盐酸缓冲液

pH	钠离子浓度/ （mol/L）	C$_6$H$_8$O$_7$·H$_2$O /g	NaOH 97% /g	HCl（浓） /mL	最终体积/L
2.2	0.20	210	84	160	10
3.1	0.20	210	83	116	10
3.3	0.20	210	83	106	10
4.3	0.20	210	83	45	10
5.3	0.35	245	144	68	10
5.8	0.45	285	186	105	10
6.5	0.38	266	156	126	10

使用时可以每升中加入 1g 酚，若最后 pH 有变化，再用少量 50% 氢氧化钠溶液或者浓盐酸调节，冰箱保存。

5. 柠檬酸－柠檬酸钠缓冲液（0.1mol/L）

pH	0.1mol/L 柠檬酸/mL	0.1mol/L 柠檬酸钠/mL	pH	0.1mol/L 柠檬酸/mL	0.1mol/L 柠檬酸钠/mL
3.0	18.6	1.4	5.0	8.2	11.8
3.2	17.2	2.8	5.2	7.3	12.7
3.4	16.0	4.0	5.4	6.4	13.6
3.6	14.9	5.1	5.6	5.5	14.5
3.8	14.0	6.0	5.8	4.7	15.3
4.0	13.1	6.9	6.0	3.8	16.2
4.2	12.3	7.7	6.2	2.8	17.2
4.4	11.4	8.6	6.4	2.0	18.0
4.6	10.3	9.7	6.6	1.4	18.6
4.8	9.2	10.8			

柠檬酸 $C_6H_8O_7 \cdot H_2O$ 相对分子质量 $=210.14$，0.1mol/L 溶液含 21.01g/L。

柠檬酸钠 $Na_3C_6H_5O_7 \cdot H_2O$ 相对分子质量 $=294.12$，0.1mol/L 溶液含 29.41g/L。

6. 乙酸－乙酸钠缓冲液（0.2mol/L）

pH（18℃）	0.2mol/L NaAc/mL	0.3mol/L HAc/mL	pH（18℃）	0.2mol/L NaAc/mL	0.3mol/L HAc/mL
3.6	0.75	9.25	4.8	5.90	4.10
3.8	1.20	8.80	5.0	7.00	3.00
4.0	1.80	8.20	5.2	7.90	2.10
4.2	2.65	7.35	5.4	8.60	1.40
4.4	3.70	6.30	5.6	9.10	0.90
4.6	4.90	5.10	5.8	9.40	0.60

$NaAc \cdot 3H_2O$ 相对分子质量 $=136.09$，0.2mol/L 溶液含 27.22g/L。

7. 磷酸盐缓冲液

（1）磷酸氢二钠 – 磷酸二氢钠缓冲液（0.2mol/L）

pH	0.2mol/L Na$_2$HPO$_4$/mL	0.3mol/L NaH$_2$PO$_4$/mL	pH	0.2mol/L Na$_2$HPO$_4$/mL	0.3mol/L NaH$_2$PO$_4$/mL
5.8	8.0	92.0	7.0	61.0	39.0
5.9	10.0	90.0	7.1	67.0	33.0
6.0	12.3	87.7	7.2	72.0	28.0
6.1	15.0	85.0	7.3	77.0	23.0
6.2	18.5	81.5	7.4	81.0	19.0
6.3	22.5	77.5	7.5	84.0	16.0
6.4	26.5	73.5	7.6	87.0	13.0
6.5	31.5	68.5	7.7	89.5	10.5
6.6	37.5	62.5	7.8	91.5	8.5
6.7	43.5	56.5	7.9	93.0	7.0
6.8	49.5	51.0	8.0	94.7	5.3
6.9	55.0	45.0			

Na$_2$HPO$_4$·2H$_2$O 相对分子质量 =178.05，0.2mol/L 溶液含 35.61g/L。

Na$_2$HPO$_4$·12H$_2$O 相对分子质量 =358.22，0.2mol/L 溶液含 71.64g/L。

NaH$_2$PO$_4$·2H$_2$O 相对分子质量 =156.03，0.2mol/L 溶液含 31.21g/L。

（2）磷酸氢二钠 – 磷酸二氢钾缓冲液（1/15mol/L）

pH	1/15mol/L Na$_2$HPO$_4$/mL	1/15mol/L KH$_2$PO$_4$/mL	pH	1/15mol/L Na$_2$HPO$_4$/mL	1/15mol/L KH$_2$PO$_4$/mL
4.92	0.10	9.90	7.17	7.00	9.00
5.29	0.50	9.50	7.38	8.00	2.00
5.91	1.00	9.00	7.73	9.00	1.00
6.24	2.00	8.00	8.04	9.50	0.50
6.47	3.00	7.00	8.34	9.75	0.25
6.64	4.00	6.00	8.67	9.90	0.10
6.81	5.00	5.00	8.18	10.00	0
6.98	6.00	4.00			

$Na_2HPO_4 \cdot 2H_2O$ 相对分子质量 $=178.05$，$1/15mol/L$ 溶液含 $11.876g/L$。

KH_2PO_4 相对分子质量 $=136.09$，$1/15mol/L$ 溶液含 $9.078g/L$。

8. 磷酸二氢钾－氢氧化钠缓冲液（0.05mol/L）

XmL $0.2mol/L$ KH_2PO_4 $+$ YmL $0.2mol/L$ NaOH 加水稀释至 20mL。

pH（20℃）	X/mL	Y/mL	pH（20℃）	X/mL	Y/mL
5.8	5	0.372	7.0	5	2.963
6.0	5	0.570	7.2	5	3.500
6.2	5	0.860	7.4	5	3.950
6.4	5	1.260	7.6	5	4.280
6.6	5	1.780	7.8	5	4.520
6.8	5	2.365	8.0	5	4.680

9. 巴比妥钠－盐酸缓冲液（18℃）

pH	0.04mol/L 巴比妥钠溶液/mL	0.2mol/L 盐酸/mL	pH	0.04mol/L 巴比妥钠溶液/mL	0.2mol/L 盐酸/mL
6.8	100	18.4	8.4	100	5.21
7.0	100	17.8	8.6	100	3.82
7.2	100	16.7	8.8	100	2.52
7.4	100	15.3	9.0	100	1.65
7.6	100	13.4	9.2	100	1.13
7.8	100	11.47	9.4	100	0.70
8.0	100	9.39	9.6	100	0.35
8.2	100	7.21			

巴比妥钠盐相对分子质量 $=206.18$，$0.04mol/L$ 溶液含 $8.25g/L$。

10. Tris－盐酸缓冲液（0.05mol/L，25℃）

50mL $0.1mol/L$ 三羟甲基氨基甲烷（Tris）溶液与 XmL $0.1mol/L$ 盐酸混匀后，加水稀释至 100mL。

pH	X/mL	pH	X/mL
7.10	45.7	8.10	26.2
7.20	44.7	8.20	22.9
7.30	43.4	8.30	19.9
7.40	42.0	8.40	17.2
7.50	40.3	8.50	14.7
7.60	38.5	8.60	12.4
7.70	36.6	8.70	10.3
7.80	34.5	8.80	8.5
7.90	32.0	8.90	7.0
8.00	29.2		

三羟甲基氨基甲烷（Tris）相对分子质量 = 121.14，0.1mol/L 溶液为 12.114g/L。

Tris 溶液可从空气中吸收二氧化碳，使用时应注意将瓶子盖严。

11. 硼酸-硼砂缓冲液（0.2mol/L 硼酸根）

pH	0.05mol/L 硼砂/mL	0.2mol/L 硼酸/mL	pH	0.05mol/L 硼砂/mL	0.2mol/L 硼酸/mL
7.4	1.0	9.0	8.2	3.5	6.5
7.6	1.5	8.5	8.4	4.5	5.5
7.8	2.0	8.0	8.7	6.0	4.0
8.0	3.0	7.0	9.0	8.0	2.0

硼砂 $Na_2B_4O_7 \cdot 10H_2O$ 相对分子质量 = 381.43，0.05mol/L 溶液（= 0.2mol/L 硼酸根）含 19.07g/L。

硼酸 H_3BO_3，相对分子质量 = 61.84，0.2mol/L 溶液为 12.37g/L。

硼砂易失去结晶水，必须在带塞的瓶中保存。

12. 甘氨酸-氢氧化钠缓冲液（0.05mol/L）

XmL 0.2mol/L 甘氨酸 + YmL 0.2mol/L 氢氧化钠加水稀释至 200mL。

pH	X/mL	Y/mL	pH	X/mL	Y/mL
8.6	50	4.0	9.6	50	22.4
8.8	50	6.0	9.8	50	27.2
9.0	50	8.8	10.0	50	32.0
9.2	50	12.0	10.4	50	38.6
9.4	50	16.8	10.6	50	45.5

甘氨酸相对分子质量 = 75.07，0.2mol/L 溶液含 15.01g/L。

13. 硼砂－氢氧化钠缓冲液（0.05mol/L 硼酸根）

XmL 0.05mol/L 硼砂 + YmL 0.2mol/L 氢氧化钠加水稀释至 200mL。

pH	X/mL	Y/mL	pH	X/mL	Y/mL
9.3	50	6.0	9.8	50	34.0
9.4	50	11.0	10.0	50	43.0
9.6	50	23.0	10.1	50	64.0

硼砂 $Na_2B_4O_7 \cdot 10H_2O$ 相对分子质量 = 381.43；0.05mol/L 溶液（= 0.2mol/L 硼酸根）含 19.07g/L。

14. 碳酸钠－碳酸氢钠缓冲液（0.1mo/L）

Ca^{2+}、Mg^{2+} 存在时不得使用。

pH		0.1mol/L	0.1mol/L
20℃	37℃	Na_2CO_3/mL	$NaHCO_3$/mL
9.16	8.77	1	9
9.40	9.12	2	8
9.51	9.40	3	7
9.78	9.50	4	6
9.90	9.72	5	5
10.14	9.90	6	4
10.28	10.08	7	3
10.53	10.28	8	2
10.83	10.57	9	1

$Na_2CO_3 \cdot 10H_2O$ 相对分子质量 = 286.2，0.1mol/L 溶液含 28.62g/L。

$NaHCO_3$ 相对分子质量 = 84.0，0.1mol/L 溶液含 8.40g/L。

常见蛋白质相对分子质量参考值

蛋白质	相对分子质量
肌球蛋白［myosin］	220000
甲状腺球蛋白［thyroglobulin］	165000
β – 半乳糖苷酶［β – galactosidase］	130000
副肌球蛋白［paramyosin］	100000
磷酸化酶 α［phosphorylase α］	94000
血清白蛋白［serum albumin］	68000
L – 氨基酸氧化酶［L – amino acid oxidase］	63000
过氧化氢酶［catalase］	60000
丙酮酸激酶［pyruvate kinase］	57000
谷氨酸脱氢酶［glutamate dehydrogenase］	53000
亮氨酸酰肽酶［leucylpetidase］	53000
γ – 球蛋白，H 链［γ – globulin，H 链］	50000
延胡索酸酶［fumarase］	49000
卵白蛋白［ovalbumin］	43000
醇脱氢酶（肝）［alcohol dehydrogenase（liver）］	41000
烯醇酶［enolase］	41000
醛缩酶［aldolase］	40000
肌酸激酶［creatine kinase］	40000
胃蛋白酶原［pepsinogen］	40000

续表

蛋白质	相对分子质量
D - 氨基酸氧化酶 [D - amino acid oxidase]	37000
醇脱氢酶（酵母）[alcohol dehydrogenase（yeast）]	37000
甘油醛磷酸脱氢酶 [glyceraldehyde phosphate dehydrogenase]	36000
原肌球蛋白 [tropomyosin]	36000
乳酸脱氢酶 [lactic dehydrogenase]	36000
胃蛋白酶 [pepsin]	35000
转磷酸核糖基酶 [phosphoribosyl transferase]	35000
天冬氨酸氨甲酰转移酶，C 链 [aspartate transcarbamylase，C chain]	34000
羧肽酶 A [carboxypeptidase A]	34000
碳酸酐酶 [carbonic anhydrase]	29000
枯草杆菌蛋白酶 [subtilisin]	27600
γ - 球蛋白，L 链 [γ - globulin]	23500
糜蛋白酶原（胰凝乳蛋白酶原）[chymotrypsinogen]	25700
胰蛋白酶 [trypsin]	23300
木瓜蛋白酶 [papain]	23000
β - 乳球蛋白 [β - lactoglobulin]	18400
烟草花叶病毒外壳蛋白 [TWV coat protein]	17500
肌红蛋白 [myoglobin]	17200
天冬氨酸氨甲酰转移酶，R 链 [aspartate transcarbamylase，R chain]	17000
血红蛋白 [hemoglobin]	15500
Qβ 外壳蛋白 [Qβcoat protein]	15000
溶菌酶 [lysozyme]	14300
R$_{17}$外壳蛋白 [R$_{17}$ coat protein]	13750
核糖核酸酶 [ribonuclease 或 RNase]	13700
细胞色素 C [cytochrome C]	11700
糜蛋白酶（胰凝乳蛋白酶）[chymotrypsin]	11000 或 13000

参考文献

［1］刘箭. 生物化学实验教程（第 3 版）. 北京：科学出版社，2015.

［2］陈钧辉，李俊. 生物化学实验（第 5 版）. 北京：科学出版社，2014.

［3］杨建雄. 生物化学与分子生物学实验技术教程（第 3 版）. 北京：科学出版社，2014.

［4］杨荣武，李俊，张太平等. 高级生物化学实验. 北京：科学出版社，2012.

［5］张峰，蔡云飞. 基础生物化学. 北京：中国轻工业出版社，2012.

［6］王镜岩，朱圣庚，徐长法. 生物化学（第 3 版）. 北京：高等教育出版社，2002.

［7］朱玉贤，李毅，郑晓峰，郭红卫. 现代分子生物学（第 4 版）. 北京：高等教育出版社，2013.

［8］杨荣武. 生物化学原理（第 2 版）. 北京：高等教育出版社，2012.